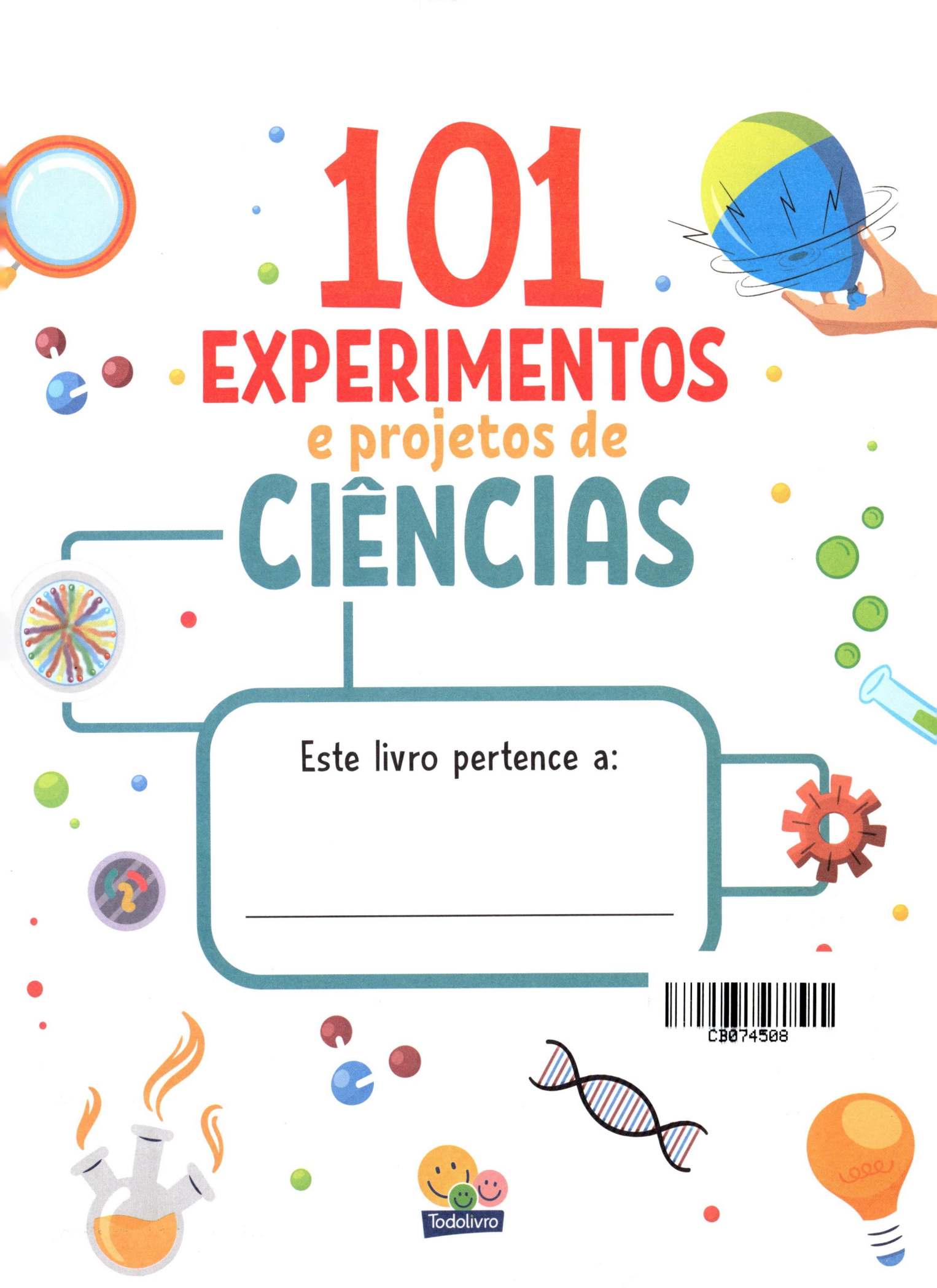

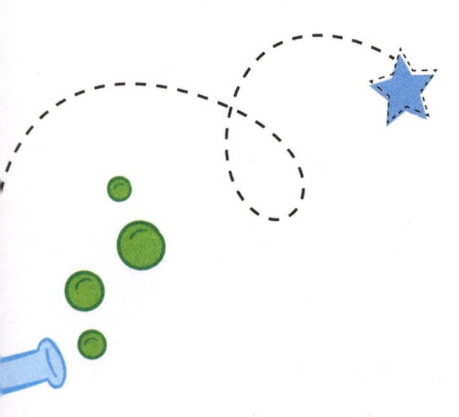

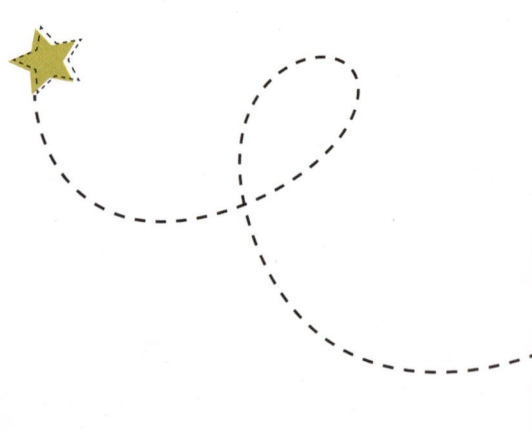

© Todolivro Ltda.
Rodovia Jorge Lacerda, 5086 – Poço Grande
Gaspar – SC | CEP 89115-100

Tradução:
Ruth Marschalek

Revisão:
Ana Paula da Silveira

IMPRESSO NA ÍNDIA
www.todolivro.com.br

Sumário

EXPERIMENTOS COM AR & GASES — 6-19

1. PERFURAR UMA BATATA — 8
2. AMASSAR UMA LATA — 9
3. CARRINHO DE BALÃO — 10
4. CATA-VENTO — 12
5. OVO EM UMA GARRAFA — 14
6. O AR OCUPA ESPAÇO — 15
7. LANÇADOR ANELAR DE FUMAÇA DE GELO SECO — 16
8. FAÇA UM FOGUETE BALÃO — 17
9. A CHAMA DE VELA MÁGICA — 18
10. NÃO CAIA — 19

EXPERIMENTOS COM ÁGUA & LÍQUIDO — 20-33

11. LARANJA FLUTUANTE — 22
12. MERGULHADOR DE ÁGUAS PROFUNDAS — 23
13. FAÇA OS SEUS DESENHOS FLUTUAR — 24
14. TOQUE NUMA BOLHA — 25
15. FOGOS DE ARTIFÍCIO EM UM RECIPIENTE DE VIDRO — 26
16. PROPULSIONE O SEU BARCO COM SABÃO — 27
17. VULCÃO SUBMARINO — 28
18. AREIA MÁGICA — 29
19. POR QUE A ÁGUA SOBE — 30
20. A ÁGUA TRAFEGA — 32

EXPERIMENTOS COM CALOR — 34-51

21. CONDUZINDO CALOR — 36
22. GELO QUENTE — 37
23. VULCÃO FUMEGANTE — 38
24. PASTA DE DENTE DE ELEFANTE — 40
25. COMO A ÁGUA ABSORVE O CALOR — 41
26. VAMOS CONSTRUIR UM TERMÔMETRO — 42
27. EXTINTOR DE FOGO INVISÍVEL — 44
28. MENSAGEM SECRETA — 45
29. CORRENTES DE CONVECÇÃO COLORIDAS — 46
30. FOGUETE DE SACHÊ DE CHÁ — 48
31. GÊISER DE REFRIGERANTE — 49
32. FLOR MOVIDA A ENERGIA TÉRMICA — 50

EXPERIMENTOS COM LUZ — 52-65

33. CANETA DE LUZ — 54
34. MUDANÇA DE DIREÇÃO DA MINHOCA — 55
35. VAMOS FAZER UMA LANTERNA — 56
36. FAÇA UMA CÂMERA ESCURA — 58
37. SOMBRAS COLORIDAS — 60
38. VAMOS FAZER UM CALEIDOSCÓPIO — 62
39. MOEDA MÁGICA — 64

EXPERIMENTOS COM SOM — 66-75

40. TUBO CANTANTE — 68
41. CONSTRUA UMA SIRENE DE DISCO — 70
42. SENTINDO O SOM — 72
43. FAÇA VOCÊ MESMO UM VIVA-VOZ — 74
44. VAMOS VER O SOM — 75

EXPERIMENTOS COM ELETRICIDADE — 76-93

45. FAÇA UM INTERRUPTOR SIMPLES — 78
46. CORAÇÃO DANÇANTE — 80
47. BATERIA DE LIMÃO — 82
48. DANÇA DOS FANTASMAS — 84
49. SEPARAÇÃO DO SAL E PIMENTA — 86
50. CONDUTOR DE ELETRICIDADE HUMANO — 87
51. CIRCUITO DE GRAFITE — 88
52. DETECTOR DE CARGA — 90
53. A ÁGUA CONDUZ A ELETRICIDADE? — 92

EXPERIMENTOS COM ÍMÃS — 94-109

54. FAÇA UMA BÚSSOLA COM AGULHA FLUTUANTE — 96
55. FRUTA MAGNÉTICA — 98
56. BONECA DANÇANTE — 100
57. ÍMÃS DE LED — 102
58. TREM ELETROMAGNÉTICO — 104
59. VAMOS EQUILIBRAR AS PORCAS — 106
60. A LEI DE LENZ E A GRAVIDADE — 108
61. SEPARANDO MISTURAS — 109

EXPERIMENTOS COM CORES — 110-121

62. PADRÕES DE COR — 112
63. CONFEITOS COLORIDOS DE CHOCOLATE — 114
64. FAÇA UM ARCO-ÍRIS — 116
65. FLORES DE CROMATOGRAFIA — 118
66. MUDANÇA DA COR DA ÁGUA — 120

QUÍMICA NA COZINHA — 122-141

67.	FAÇA UMA BOLA QUE QUICA	124
68.	LEITE QUE MUDA DE COR	126
69.	TRANSFORME LEITE EM PLÁSTICO	128
70.	ILUSÃO COM OVO METÁLICO	130
71.	PAPEL COM PH CASEIRO	132
72.	INDICADOR DE PH COM SUCO DE REPOLHO	134
73.	SORVETE EM UM SACO	136
74.	SEPARANDO CLARAS E GEMAS DE OVO	138
75.	BALINHA EM UM POTE	140

EXPERIMENTOS COM ENERGIA — 142-163

76.	AEROBARCO DE BALÃO	144
77.	MOEDA RODOPIANTE	146
78.	LIVROS INSEPARÁVEIS	147
79.	INÉRCIA NA QUEDA DO OVO	148
80.	GARRAFA GOTEJANTE	150
81.	MONTANHA-RUSSA DE BOLA DE GUDE	152
82.	EQUILIBRANDO ESTRUTURAS	154
83.	É UMA QUEDA LIVRE	156
84.	FORNO SOLAR	157
85.	REAÇÃO EM CADEIA DE PALITOS DE PICOLÉ	160
86.	A GRAVIDADE DESAFIANDO AS MIÇANGAS	162
87.	AQUECIMENTO COM EFEITO ESTUFA	163

CIÊNCIA PRÁTICA — 164-192

88.	VAMOS FAZER GELECA	166
89.	DESODORIZADOR DE AMBIENTES	168
90.	OSMOSE DA JUJUBA	170
91.	CAPILARIDADE	172
92.	POR QUE AS FOLHAS MUDAM DE COR?	174
93.	CHUTE UMA BOLA	176
94.	MÁQUINA DE CLASSIFICAÇÃO	179
95.	MODELO DE CORAÇÃO PULSANTE	181
96.	ARTISTA PENDULAR	183
97.	DNA DO MORANGO	185
98.	AREIA MOVEDIÇA	188
99.	VAMOS MEDIR A CIRCUNFERÊNCIA DA TERRA	189
100.	CAVALO DE MARCHA	190
101.	QUE FORMATO É O MAIS FORTE?	192

EXPERIMENTOS COM

AR & GASES

O AR ESTÁ POR TODA PARTE, EMBORA NÃO POSSAMOS VÊ-LO. ELE NÃO É APENAS IMPORTANTE PARA A NOSSA SOBREVIVÊNCIA, MAS TAMBÉM NOS AJUDA DE MUITAS OUTRAS MANEIRAS, COMO NA QUEIMA DE COMBUSTÍVEL, ENCHIMENTO DE BALÕES, PILOTAGEM DE AVIÕES E FAZENDO AS COISAS FUNCIONAREM.
O AR É UMA MISTURA DE GASES COM TRAÇOS DE VAPOR D'ÁGUA E OUTRAS SUBSTÂNCIAS.
ELE TEM PROPRIEDADES ESPECÍFICAS.

1
PERFURAR UMA BATATA

RELAÇÃO COM A VIDA: PRESSÃO DO AR

NÍVEL DE DIFICULDADE

VOCÊ VAI PRECISAR DE:
- UMA BATATA CRUA
- UM CANUDINHO

1
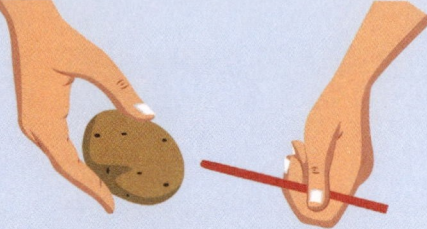
SEGURE A BATATA FIRMEMENTE EM UMA MÃO. AGORA SEGURE O CANUDINHO PELOS LADOS NA OUTRA MÃO. NÃO CUBRA O BURACO NO ALTO DO CANUDINHO.

2
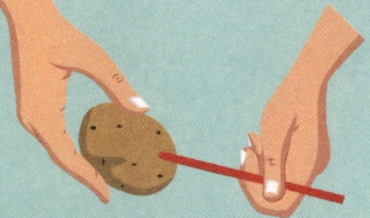
TENTE PERFURAR A BATATA. VOCÊ CONSEGUIU? PROVAVELMENTE NÃO, POIS O CANUDINHO DEVE TER DOBRADO.

3
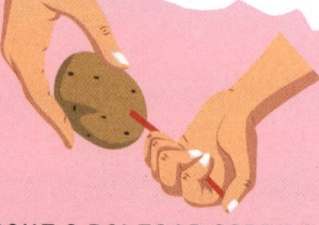
AGORA, COLOQUE O POLEGAR SOBRE O BURACO NO ALTO DO CANUDINHO. SEGURE A BATATA EM UMA EXTREMIDADE E EMPURRE O CANUDO NA BATATA.

4

DESTA VEZ O CANUDINHO PERFURA BASTANTE A BATATA.

O STEM POR TRÁS DISSO

COLOCAR O SEU POLEGAR SOBRE O BURACO CAPTURA O AR DENTRO DO CANUDINHO.

O AR SE COMPRIME E PRESSIONA O CANUDINHO. POR ISSO O CANUDINHO FICA RÍGIDO E FORTE O BASTANTE PARA PERFURAR A BATATA!

2
AMASSAR UMA LATA

RELAÇÃO COM A VIDA: PRESSÃO DO AR

NÍVEL DE DIFICULDADE

REQUER SUPERVISÃO DE UM ADULTO

VOCÊ VAI PRECISAR DE:
- UMA LATA DE REFRIGERANTE VAZIA
- ÁGUA FRIA E QUENTE
- GELO
- UMA TIGELA GRANDE
- UMA PINÇA

1 PEGUE UMA LATA DE REFRIGERANTE VAZIA. DESPEJE APROXIMADAMENTE 20 A 30 ML DE ÁGUA DENTRO DELA.

2 EM SEGUIDA ENCHA UMA TIGELA GRANDE COM ÁGUA FRIA E GELO.

3 PEÇA A UM ADULTO PARA AQUECER A LATA NO FOGÃO ATÉ QUE A ÁGUA DENTRO DA LATA CHEGUE A FERVER. CERTIFIQUE-SE DE QUE A LATA FIQUE ERETA ENQUANTO A AQUECE.

4 AGORA VIRE A LATA QUENTE DE CABEÇA PARA BAIXO DENTRO DA TIGELA DE ÁGUA FRIA E GELO. AFASTE-SE.

A LATA SE AMASSA RAPIDAMENTE COM UM BARULHO ALTO!

O STEM POR TRÁS DISSO

QUANDO A ÁGUA DENTRO DA LATA CHEGA A FERVER, ELA ESCAPA NA FORMA DE VAPOR PARA O AR. ELA TAMBÉM EXPELE O AR DA LATA.

QUANDO COLOCAMOS A LATA NA ÁGUA FRIA E GELO, O VAPOR D'ÁGUA LÁ DENTRO RESFRIA RAPIDAMENTE CRIANDO UM VÁCUO. A PRESSÃO DENTRO DA LATA É AGORA MENOR DO QUE A EXTERIOR.

O AR DO LADO EXTERNO EMPURRA A LATA COM FORÇA FAZENDO-A AMASSAR.

3 CARRINHO DE BALÃO

RELAÇÃO COM A VIDA: MOTORES A JATO

NÍVEL DE DIFICULDADE

VOCÊ VAI PRECISAR DE:
- CARTOLINA
- ESTILETE
- TESOURA
- 2 CANUDINHOS
- FITA ADESIVA
- ESPETOS DE MADEIRA OU PALITO DE PIRULITO
- 4 TAMPAS DE GARRAFA IGUAIS
- UM BALÃO

1

DESENHE UM RETÂNGULO DE 16 X 8 CM NA CARTOLINA USANDO CANETA OU LÁPIS. DEPOIS RECORTE-O USANDO A TESOURA OU O ESTILETE.

2

PEGUE UM CANUDINHO E RECORTE PEDAÇOS DE 8 CM DELE. NÃO INCLUA A PARTE DOBRÁVEL DO CANUDINHO.

3

COLOQUE OS PEDAÇOS DE CANUDINHO NA CARTOLINA E PRENDA-OS COM FITA ADESIVA. PRENDA-OS COM FIRMEZA.

4

UTILIZANDO UM ESTILETE, RECORTE DOIS PEDAÇOS DE 10 CM DO ESPETO DE MADEIRA.

5

INSIRA OS PEDAÇOS DE PALITO NOS CANUDOS PARA QUE CERCA DE 1,5 CM DE CADA PEDAÇO APAREÇA DOS CANUDINHOS.

6
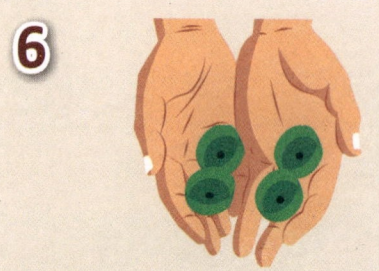
COM A AJUDA DE UM ADULTO, FAÇA UM FURO NO CENTRO DE CADA TAMPA DE GARRAFA.

7

PRENDA AS TAMPAS DE GARRAFA NAS PONTAS DOS PALITOS DE MADEIRA, COMO MOSTRADO.

8
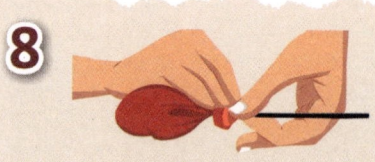
PEGUE UM BALÃO E PRENDA COM FITA FIRMEMENTE O SEU GARGALO AO REDOR DE UMA PONTA DO CANUDINHO.

9 VIRE O CARRINHO DE CABEÇA PARA BAIXO E FAÇA-O FICAR SOBRE AS TAMPAS (ISTO É, SUAS RODAS). PRENDA COM FITA ADESIVA O CANUDINHO E O BALÃO NA CARTOLINA DE MODO QUE O BALÃO FIQUE NA PARTE DE CIMA DA CARTOLINA E UMA PARTE DO CANUDINHO FIQUE PENDURADA SOBRE UMA DAS PONTAS.

10 ASSOPRE PELO CANUDINHO E ENCHA O BALÃO. COLOQUE O DEDO COM CUIDADO SOBRE A PONTA DO CANUDINHO. POSICIONE O CARRO EM UMA SUPERFÍCIE PLANA E LISA E ENTÃO RETIRE O DEDO. OBSERVE O SEU CARRINHO DISPARAR PELO QUARTO.

O STEM POR TRÁS DISSO

O MATERIAL ELÁSTICO DO BALÃO TEM ENERGIA POTENCIAL ARMAZENADA EM SEU INTERIOR. QUANDO ASSOPRAMOS AR DENTRO DO BALÃO, ACRESCENTA-SE MAIS ENERGIA POTENCIAL A ELE (PORQUE O AR ESTÁ EM REPOUSO DENTRO DO BALÃO).

QUANDO RETIRAMOS O DEDO DO CANUDINHO, A ENERGIA POTENCIAL DENTRO DO BALÃO MUDA PARA ENERGIA CINÉTICA.

O AR DISPARA PARA FORA DO BALÃO E IMPULSIONA O CARRINHO PARA FRENTE.

4
CATA-VENTO

RELAÇÃO COM A VIDA: ESTUDANDO PADRÕES CLIMÁTICOS

NÍVEL DE DIFICULDADE

VOCÊ VAI PRECISAR DE:
- UMA LATA OU POTE DE PLÁSTICO
- MASSINHA DE MODELAR
- TACHINHA COMPRIDA DE CABEÇA GRANDE
- PAPEL COLORIDO
- FITA ADESIVA
- CANUDO
- LÁPIS COM BORRACHA PRESA NA PONTA
- TESOURA
- COLA BASTÃO
- BÚSSOLA

1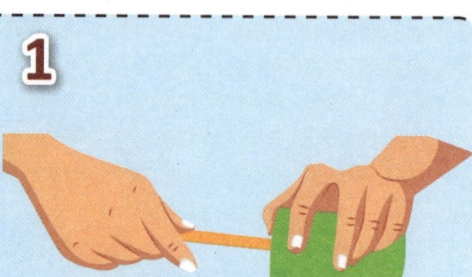
FAÇA UM FURO NO MEIO DO POTE DE PLÁSTICO USANDO UM LÁPIS. EMPURRE A PONTA AFIADA DO LÁPIS NO BURACO.

2
DEPOIS DESENHE DOIS TRIÂNGULOS GRANDES E QUATRO TRIÂNGULOS PEQUENOS NA FOLHA COLORIDA E RECORTE-OS USANDO A TESOURA.

3
COLE OS TRIÂNGULOS PEQUENOS (APONTANDO PARA FORA) SOBRE O POTE DE PLÁSTICO EM QUATRO DIREÇÕES DIFERENTES COMO MOSTRADO NA FIGURA.

4
PEGUE UM CANUDO E CORTE PEQUENAS FENDAS NAS SUAS DUAS PONTAS. INSIRA OS TRIÂNGULOS GRANDES EM CADA PONTA DO CANUDO PARA QUE UMA PONTA TENHA UM TRIÂNGULO PONTUDO E A OUTRA TENHA A BASE. O CATA-VENTO ESTÁ PRONTO.

5
COM A AJUDA DE UM ADULTO, INSIRA UMA TACHINHA NO CENTRO DO CANUDINHO. INSIRA CUIDADOSAMENTE O CONJUNTO EM CIMA DA BORRACHA DO LÁPIS.

6

PEGUE A MASSINHA DE MODELAR E FAÇA UMA ARGOLA COM ELA. A ARGOLA DEVE SER UM POUQUINHO MAIOR DO QUE A BOCA DO POTE DE PLÁSTICO.

7

EMPURRE O POTE DE PLÁSTICO FIRMEMENTE SOBRE A ARGOLA PARA QUE ELA NÃO SAIA VOANDO.

8

MONTE O CATA-VENTO AO AR LIVRE SOBRE UM POSTE ELEVADO. COM A AJUDA DE UMA BÚSSOLA, POSICIONE-O PARA QUE OS TRIÂNGULOS PEQUENOS APONTEM PARA O NORTE, SUL, LESTE E OESTE COMO MOSTRADO NA FIGURA. O CATA-VENTO GIRA NA DIREÇÃO DO VENTO.

O STEM POR TRÁS DISSO

O CATA-VENTO É FEITO PARA PERMITIR O MOVIMENTO EM UM EIXO VERTICAL. AS DUAS PONTAS DO CATA-VENTO TÊM PESO IGUAL, O QUE PERMITE O CATA-VENTO GIRAR LIVREMENTE.

A FLECHA SEMPRE APONTA NA DIREÇÃO EM QUE O VENTO ESTÁ SOPRANDO.

OS MARCADORES DE DIREÇÃO NOS PERMITEM IDENTIFICAR A DIREÇÃO FACILMENTE.

5
OVO EM UMA GARRAFA

RELAÇÃO COM A VIDA: A DIFERENÇA NA PRESSÃO DO AR COM O CALOR

NÍVEL DE DIFICULDADE

NECESSIDADE DE MANUSEIO CUIDADOSO DE OBJETOS INFLAMÁVEIS E A PRECISÃO NECESSÁRIA PARA QUE O OVO ENTRE NA GARRAFA COM SEGURANÇA.

VOCÊ VAI PRECISAR DE:

- UM OVO BEM COZIDO
- UMA JARRA OU GARRAFA *(COM UMA BOCA LEVEMENTE MENOR DO QUE A LARGURA DE UM OVO)*
- UMA FAIXA DE PAPEL *(APROXIMADAMENTE 20 X 2,5 CM)*
- UM ISQUEIRO

1 DESCASQUE E RETIRE A CASCA DO OVO COZIDO QUANDO ELE ESTIVER FRIO O BASTANTE PARA MANUSEAR.

2 COLOQUE O OVO NA BOCA DA GARRAFA. COMO ESPERADO, ELE NÃO ESCORREGA PARA DENTRO DA GARRAFA.

3 COM A AJUDA DE UM ADULTO, ACENDA UMA PONTA DA FAIXA DE PAPEL E COLOQUE-A DENTRO DA GARRAFA.

4 IMEDIATAMENTE COLOQUE O OVO DE VOLTA NA BOCA DA GARRAFA ANTES DE O PAPEL ACABAR DE QUEIMAR.

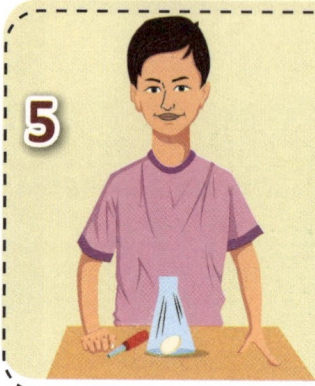

5 APÓS ALGUNS SEGUNDOS, VOCÊ VAI PERCEBER QUE O OVO SE REMEXE UM POUCO E SE ESPREME PARA DENTRO DA GARRAFA.

O STEM POR TRÁS DISSO

O PAPEL QUEIMANDO DENTRO DA GARRAFA AQUECE O AR AO SEU REDOR.

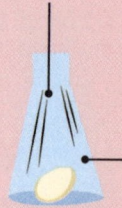

O AR SE EXPANDE E FICA MAIS LEVE. UM POUCO DELE SAI DA GARRAFA.

QUANDO O PAPEL ACABA DE QUEIMAR, O AR DENTRO DA GARRAFA ESFRIA E SE CONTRAI. A PRESSÃO DO AR DENTRO DA GARRAFA É MENOR DO QUE A PRESSÃO DO AR EXTERNA. O AR DE FORA DA GARRAFA (ÁREA DE ALTA PRESSÃO) TENTA FLUIR PARA DENTRO DA GARRAFA (ÁREA DE BAIXA PRESSÃO) E, NO PROCESSO, EMPURRA O OVO PARA DENTRO DA GARRAFA!

6
O AR OCUPA ESPAÇO

RELAÇÃO COM A VIDA: ENCHER BALÕES E BOLAS DE FUTEBOL

NÍVEL DE DIFICULDADE

VOCÊ VAI PRECISAR DE:
- UMA GARRAFA
- MASSA DE MODELAR
- UM FUNIL
- ÁGUA

1  COLOQUE O FUNIL NA BOCA DE UMA GARRAFA E DESPEJE UM POUCO DE ÁGUA LÁ DENTRO. O QUE ACONTECE? A ÁGUA FLUI PARA DENTRO DA GARRAFA.

2 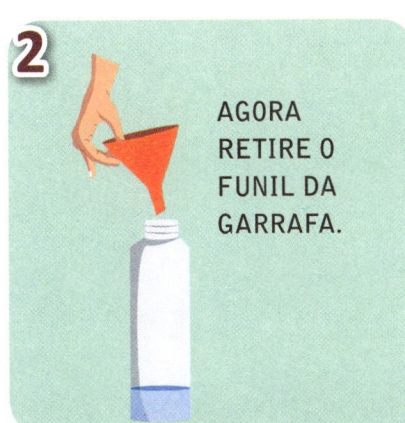 AGORA RETIRE O FUNIL DA GARRAFA.

3  APLIQUE MASSA DE MODELAR AO REDOR DO FUNIL E SELE CUIDADOSAMENTE O ESPAÇO ENTRE O FUNIL E A BOCA DA GARRAFA.

4  PRENDA O FUNIL NA GARRAFA. ALISE A MASSA DE MODELAR COM OS DEDOS PARA QUE O ESPAÇO ENTRE O FUNIL E A GARRAFA FIQUE HERMÉTICO.

5  DESPEJE ÁGUA NO FUNIL. A ÁGUA APENAS FICA NO FUNIL E NÃO FLUI PARA DENTRO DA GARRAFA.

O STEM POR TRÁS DISSO

A ÁGUA NÃO PODE FLUIR PARA DENTRO DA GARRAFA POIS O AR OCUPA ESPAÇO NO INTERIOR.

O AR NÃO PODE SAIR DA GARRAFA POIS O ESPAÇO ENTRE O FUNIL E A GARRAFA ESTÁ SELADO COM MASSA DE MODELAR.

SE DESPEJARMOS ÁGUA LENTAMENTE, UM POUCO DA ÁGUA FLUI PARA DENTRO DA GARRAFA PORQUE HÁ ESPAÇO SUFICIENTE NA ABERTURA DO FUNIL TANTO PARA A ÁGUA QUANTO PARA O AR. PORÉM, SE DESPEJARMOS ÁGUA RAPIDAMENTE, APENAS UMA PEQUENA QUANTIDADE DE ÁGUA FLUI PARA DENTRO DA GARRAFA. ISSO ACONTECE PORQUE A ABERTURA DO FUNIL SE ENCHE COM ÁGUA, QUE BLOQUEIA O FLUXO DE AR E PERMANECE NO FUNIL!

7
LANÇADOR ANELAR DE FUMAÇA DE GELO SECO

RELAÇÃO COM A VIDA: EFEITOS DE NEVOEIRO ARTIFICIAL

NÍVEL DE DIFICULDADE

REQUER GELO SECO, O QUE NECESSITA SUPERVISÃO RIGOROSA DEVIDO AO MANUSEIO CUIDADOSO NECESSÁRIO.

VOCÊ VAI PRECISAR DE:
- UMA MOEDA
- COPO DE PLÁSTICO
- TESOURA OU ESTILETE
- UMA CANETA
- UMA SACOLA PLÁSTICA REFORÇADA
- ELÁSTICOS DE BORRACHA
- ÁGUA QUENTE
- GELO SECO
- LUVAS TÉRMICAS

1  VIRE O COPO DE CABEÇA PARA BAIXO. COLOQUE UMA MOEDA NO CENTRO E FAÇA O SEU TRAÇADO UTILIZANDO UMA CANETA.

2  USE UM ESTILETE PARA RECORTAR O CÍRCULO TRAÇADO.

3  COLOQUE UMA SACOLA PLÁSTICA SOBRE O LADO ABERTO DO COPO E PRENDA-A COM UM ELÁSTICO.

4  APARE O PLÁSTICO EXCEDENTE USANDO A TESOURA.

5  DESPEJE 60 ML DE ÁGUA QUENTE DENTRO DO COPO PELO BURACO NA BASE DO COPO.

6  USE LUVAS TÉRMICAS E DEIXE CAIR CUIDADOSAMENTE 2 PEDAÇOS DE GELO SECO NO BURACO. OS PEDAÇOS DEVEM SER PEQUENOS O BASTANTE PARA PASSAR PELO BURACO.

7  APÓS ALGUNS SEGUNDOS VOCÊ VAI PERCEBER VAPORES BRANCOS BROTANDO DO BURACO.

8  AGORA SEGURE O COPO COM UMA MÃO PARA QUE O EMBRULHO PLÁSTICO FIQUE VOLTADO PARA VOCÊ. INCLINE O COPO E CUTUQUE A CAMADA PLÁSTICA. ARGOLAS BRANCAS DISPARAM EM POUCO TEMPO!

O STEM POR TRÁS DISSO

O GELO SECO É GÁS CARBÔNICO CONGELADO. QUANDO DEIXAMOS CAIR UM PEDAÇO DE GELO SECO EM ÁGUA QUENTE, O CALOR DA ÁGUA AUMENTA A TEMPERATURA DO GELO, TRANSFORMANDO-O EM GÁS CARBÔNICO (CO_2).

 O CO_2 SAINDO DO COPO ESFRIA O VAPOR D'ÁGUA NO AR. AS ARGOLAS BRANCAS SÃO UMA COMBINAÇÃO DE GÁS CARBÔNICO E VAPOR D'ÁGUA.

O AR ESCAPANDO DO COPO PELO CENTRO DO BURACO TRAFEGA MAIS RÁPIDO DO QUE O AR SAINDO PELAS BEIRADAS DO BURACO. ESSA DIFERENÇA NA VELOCIDADE CRIA UM REDEMOINHO, QUE APARECE NA FORMA DE ARGOLAS NO AR.

8
FAÇA UM FOGUETE BALÃO

RELAÇÃO COM A VIDA: LANÇANDO UM FOGUETE

NÍVEL DE DIFICULDADE

VOCÊ VAI PRECISAR DE:
- 2 CADEIRAS
- 1 BARBANTE DE 4M
- 1 BALÃO
- FITA ADESIVA

1 POSICIONE AS DUAS CADEIRAS COM 3 M DE AFASTAMENTO. DEPOIS AMARRE FIRMEMENTE UMA PONTA DO BARBANTE NUMA DAS CADEIRAS.

2 PASSE O BARBANTE PELO CANUDO.

3 AMARRE A OUTRA PONTA DO BARBANTE NA SEGUNDA CADEIRA. CERTIFIQUE-SE DE QUE O BARBANTE ESTEJA ESTICADO COM FIRMEZA.

4 ENCHA UM BALÃO E SEGURE FIRME A BOCA DO BALÃO PARA O AR NÃO ESCAPAR.

5 USANDO DOIS PEDAÇOS DE FITA CREPE, PRENDA O BALÃO NO CANUDO. MANTENHA A BOCA DO BALÃO FECHADA ENQUANTO VOCÊ O PRENDE NO CANUDO COM FITA.

6 MOVA O CANUDO E O BALÃO PARA UMA PONTA DO BARBANTE. AGORA SOLTE O BALÃO. O BALÃO LEVARÁ O CANUDO PARA A OUTRA CADEIRA.

O STEM POR TRÁS DISSO

ESTE EXPERIMENTO É UM EXEMPLO SIMPLES DE COMO FUNCIONA UM MOTOR DE FOGUETE.

AÇÃO: O REVESTIMENTO ELÁSTICO DE UM BALÃO APLICA PRESSÃO NO AR DENTRO DO BALÃO.

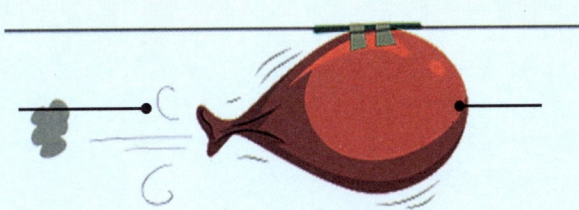

REAÇÃO: QUANDO LIBERAMOS O BALÃO, O AR DISPAROU DO BOCAL ABERTO FAZENDO O BALÃO SE MOVER (NA DIREÇÃO OPOSTA).

9
A CHAMA DE VELA MÁGICA

RELAÇÃO COM A VIDA: PRESSÃO DO AR

NÍVEL DE DIFICULDADE

VOCÊ VAI PRECISAR DE:
- UMA VELA
- UM ISQUEIRO

1 COLOQUE UMA VELA SOBRE UMA SUPERFÍCIE PLANA E ACENDA-A USANDO UM ISQUEIRO.

2 APAGUE A VELA COM UM SOPRO CURTO E ESPERE POR ALGUNS SEGUNDOS. VOCÊ DEVE VER UM RASTRO DE FUMAÇA SUBINDO DO PAVIO DA VELA.

3 TRAGA O ISQUEIRO PARA PERTO DA FUMAÇA VINDA DO PAVIO E ACENDA A CHAMA. CERTIFIQUE-SE DE NÃO TOCAR NO PAVIO. A VELA ACENDE NOVAMENTE!

O STEM POR TRÁS DISSO

QUANDO ACENDEMOS UMA VELA, A CERA PERTO DO PAVIO SE DERRETE, TRANSFORMANDO-SE EM LÍQUIDO. ESSA CERA LÍQUIDA VAI ATÉ O PAVIO. ALI ELA FICA MAIS QUENTE E SE TRANSFORMA EM GÁS E EVAPORA.

QUANDO APAGAMOS UMA VELA, O PAVIO PERMANECE QUENTE E A CERA CONTINUA A EVAPORAR. AO COLOCAR A CHAMA PERTO DO PAVIO, O VAPOR DE CERA REACENDE E A CHAMA VAI ATÉ O PAVIO, ACENDENDO A VELA OUTRA VEZ.

10 NÃO CAIA

RELAÇÃO COM A VIDA: PRESSÃO DO AR

NÍVEL DE DIFICULDADE

VOCÊ VAI PRECISAR DE:
- UM COPO TRANSPARENTE
- UM CARTÃO PLANO E FINO
- ÁGUA

1 ENCHA UM COPO TRANSPARENTE ATÉ EM CIMA COM ÁGUA.

2 COLOQUE UM CARTÃO PLANO SOBRE O COPO DE MODO QUE ELE CUBRA COMPLETAMENTE A BOCA DO COPO.

3 MANTENHA A MÃO SOBRE O CARTÃO E VIRE O COPO DE CABEÇA PARA BAIXO.

4 RETIRE A MÃO DEVAGAR. O CARTÃO E A ÁGUA AINDA FICARÃO NO LUGAR!

O STEM POR TRÁS DISSO

QUANDO VIRAMOS O COPO DE CABEÇA PARA BAIXO, VAZA BEM POUCA ÁGUA DELE. O VOLUME DE AR ACIMA DA ÁGUA AUMENTA, MAS A PRESSÃO DO AR DIMINUI.

A PRESSÃO FORA DO COPO É AGORA MAIOR DO QUE DENTRO DO COPO. ISSO MANTÉM O CARTÃO NO LUGAR E IMPEDE A ÁGUA DE CAIR.

EXPERIMENTOS COM

ÁGUA & LÍQUIDO

A ÁGUA DESEMPENHA UM PAPEL MUITO IMPORTANTE NA TERRA. ELA COBRE QUASE 75% DE NOSSO PLANETA NA FORMA DE OCEANOS, LAGOS E RIOS. O NOSSO CORPO TAMBÉM É FORMADO POR 60 A 70% DE ÁGUA.

TODOS OS SERES VIVOS PRECISAM DE ÁGUA PARA SOBREVIVER. A ÁGUA É A ÚNICA SUBSTÂNCIA QUE OCORRE EM TODOS OS TRÊS ESTADOS: SÓLIDO, LÍQUIDO E GASOSO. A ÁGUA É COMPOSTA DE HIDROGÊNIO E OXIGÊNIO. SUA FÓRMULA CIENTÍFICA É H_2O.

A ÁGUA PURA É INCOLOR, INODORA E INSÍPIDA.

ELA FERVE A 100º C E CONGELA A 0º C. A ÁGUA É MAIS LEVE EM SEU ESTADO SÓLIDO (GELO) DO QUE NO ESTADO LÍQUIDO (ÁGUA).

A ÁGUA É CHAMADA DE SOLVENTE UNIVERSAL PORQUE DISSOLVE A MAIORIA DAS SUBSTÂNCIAS.

A ÁGUA NÃO É USADA APENAS PARA BEBER E FAZER OUTRAS SERVIÇOS DOMÉSTICOS, MAS TAMBÉM PARA GERAR ELETRICIDADE.

11
LARANJA FLUTUANTE

RELAÇÃO COM A VIDA: COMO AS COISAS FLUTUAM OU AFUNDAM?

NÍVEL DE DIFICULDADE

VOCÊ VAI PRECISAR DE:
- DUAS LARANJAS
- DUAS JARRAS TRANSPARENTES ALTAS
- ÁGUA

1
ENCHA AS DUAS JARRAS COM ¾ DE ÁGUA. COLOQUE UMA LARANJA LENTAMENTE DENTRO DE UMA DAS JARRAS. A LARANJA FLUTUARÁ.

2
EM SEGUIDA REMOVA A CASCA DA SEGUNDA LARANJA.

3
COLOQUE A LARANJA DESCASCADA COM CUIDADO DENTRO DA SEGUNDA JARRA. DESTA VEZ A LARANJA AFUNDA. O QUE ACABOU DE ACONTECER?

O STEM POR TRÁS DISSO

QUANDO A LARANJA DESCASCADA É SUBMERSA NA ÁGUA, ELA EMPURRA A ÁGUA PARA BAIXO E A DESLOCA DE ACORDO COM SEU PESO. DA MESMA FORMA A ÁGUA EMPURRA A LARANJA PARA CIMA COM UMA FORÇA IGUAL AO PESO DA ÁGUA QUE ELA DESLOCA. ISSO SE CHAMA FLUTUABILIDADE.

A CASCA DA LARANJA É MUITO POROSA E ESTÁ REPLETA DE MINÚSCULOS BOLSOS DE AR. OS BOLSOS DE AR AUMENTAM A FLUTUABILIDADE E TORNAM A LARANJA MENOS DENSA DO QUE A ÁGUA, FAZENDO-A BOIAR.

AO REMOVER A CASCA DA LARANJA A TORNAMOS MAIS DENSA DO QUE A ÁGUA. POR ISSO ELA AFUNDA.

12
MERGULHADOR DE ÁGUAS PROFUNDAS

NÍVEL DE DIFICULDADE

VOCÊ VAI PRECISAR DE:
- GARRAFA PLÁSTICA VAZIA DE 2 LITROS
- MASSA DE MODELAR
- TAMPA DE UMA CANETA DE PLÁSTICO

RELAÇÃO COM A VIDA: FUNCIONAMENTO DE SUBMARINOS

1
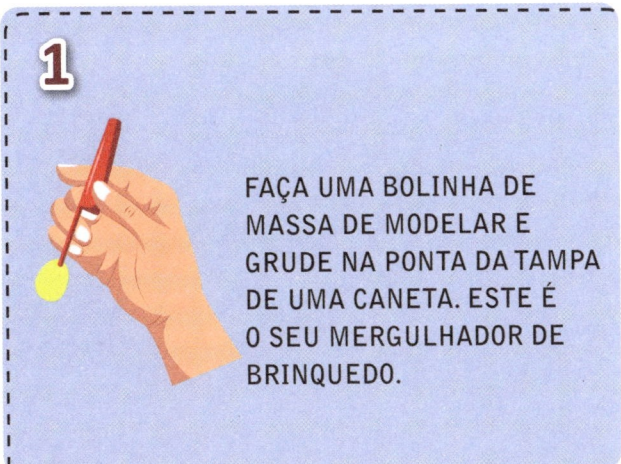
FAÇA UMA BOLINHA DE MASSA DE MODELAR E GRUDE NA PONTA DA TAMPA DE UMA CANETA. ESTE É O SEU MERGULHADOR DE BRINQUEDO.

2
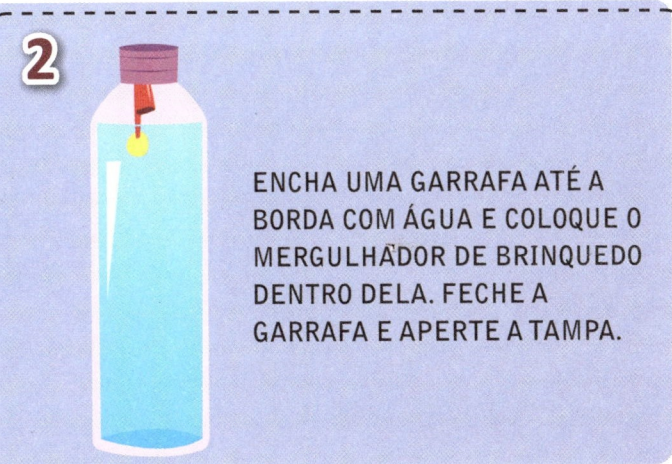
ENCHA UMA GARRAFA ATÉ A BORDA COM ÁGUA E COLOQUE O MERGULHADOR DE BRINQUEDO DENTRO DELA. FECHE A GARRAFA E APERTE A TAMPA.

3

APERTE A GARRAFA NO MEIO GENTILMENTE COM AS DUAS MÃOS. O SEU MERGULHADOR DE BRINQUEDO AFUNDA ATÉ O FIM.

4

SOLTE AS MÃOS E O MERGULHADOR DE BRINQUEDO SOBE ATÉ O TOPO!

O STEM POR TRÁS DISSO

QUANDO A TAMPA DA CANETA É COLOCADA NA GARRAFA CHEIA DE ÁGUA, UMA BOLHA DE AR FICA PRESA LÁ DENTRO FAZENDO-A FLUTUAR.

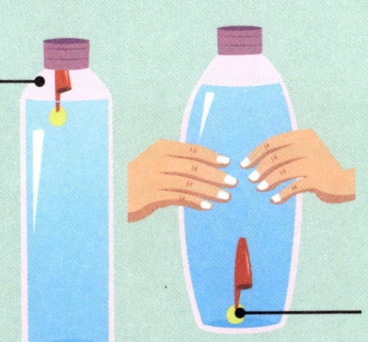

QUANDO APERTAMOS AS LATERAIS DA GARRAFA, A ÁGUA ENTRA NA TAMPA DA GARRAFA E A BOLHA DE AR FICA MENOR O QUE FAZ A TAMPA AFUNDAR ATÉ O FUNDO. AFROUXAR A PEGADA NOVAMENTE TORNA A BOLHA DE AR MAIOR, FAZENDO A TAMPA FLUTUAR MAIS UMA VEZ.

13 FAÇA OS SEUS DESENHOS FLUTUAR

RELAÇÃO COM A VIDA: HIDROTÉRMICO

NÍVEL DE DIFICULDADE

VOCÊ VAI PRECISAR DE:
- UM PRATO RASO DE CERÂMICA
- MARCADOR DE APAGAR A SECO
- ÁGUA

1 PEGUE UM PRATO DE CERÂMICA E DESENHE QUALQUER COISA QUE DESEJAR USANDO O MARCADOR DE APAGAR A SECO.

2 DEIXE SECAR POR ALGUNS MINUTOS.

3 DESPEJE ÁGUA LENTAMENTE NO PRATO PERTO DAS BORDAS DO DESENHO. ESPERE E OBSERVE.

4 O SEU DESENHO COMEÇA A SE ERGUER DO PRATO E FLUTUAR NA SUPERFÍCIE DA ÁGUA!

O STEM POR TRÁS DISSO

A TINTA DO MARCADOR DE APAGAR A SECO CONTÉM POLÍMERO DE SILICONE OLEOSO QUE IMPEDE O SEU DESENHO DE GRUDAR NO PRATO. E TAMBÉM A DENSIDADE DESTA TINTA É MENOR DO QUE A ÁGUA.

QUANDO DESPEJAMOS ÁGUA NO PRATO, O DESENHO NÃO SE DILUI PORQUE A TINTA É INSOLÚVEL NA ÁGUA.

UMA FORTE FORÇA DE EMPUXO MAGICAMENTE REMOVE O DESENHO DO PRATO. A TINTA SER MAIS LEVE DO QUE A ÁGUA FAZ O DESENHO FLUTUAR NA SUPERFÍCIE.

14
TOQUE NUMA BOLHA

RELAÇÃO COM A VIDA: POR QUE AS BOLHAS ESTOURAM?

NÍVEL DE DIFICULDADE

VOCÊ VAI PRECISAR DE:
- UM COPO
- ÁGUA MORNA
- GLICERINA
- DETERGENTE LÍQUIDO
- VARINHA PARA FAZER BOLHAS
- UMA LUVA DE LÃ

1 PEGUE ÁGUA MORNA EM UM COPO E ACRESCENTE 1 COLHER DE SOPA DE GLICERINA.

2 EM SEGUIDA, ADICIONE AO COPO APROXIMADAMENTE 1 COLHER DE SOPA DE DETERGENTE.

3 MEXA A SOLUÇÃO LENTAMENTE ATÉ QUE FIQUE BEM MISTURADO. TENTE NÃO FAZER ESPUMA AO MISTURAR.

4 PEÇA A UM(A) AMIGO(A) PARA COLOCAR UMA LUVA DE LÃ.

5 MERGULHE A VARINHA DE FAZER BOLHAS NA MISTURA E RETIRE-A LENTAMENTE.

6 ASSOPRE PARA FAZER BOLHAS. PEÇA AO AMIGO PARA PEGAR UMA BOLHA NA MÃO. A BOLHA NÃO VAI ESTOURAR POR BASTANTE TEMPO!

O STEM POR TRÁS DISSO

O LADO EXTERNO DE UMA BOLHA É FORMADO POR TRÊS CAMADAS MUITO FINAS: SABÃO, ÁGUA E OUTRA CAMADA DE SABÃO.
A GLICERINA TORNA A PAREDE DA BOLHA MAIS DENSA E FORTE, IMPEDINDO-A DE ESTOURAR IMEDIATAMENTE.

A LUVA DE LÃ REDUZ A ÁREA DE CONTATO DA BOLHA.

15
FOGOS DE ARTIFÍCIO EM UM RECIPIENTE DE VIDRO

NÍVEL DE DIFICULDADE

VOCÊ VAI PRECISAR DE:
- UM COPO OU JARRA ALTA
- ÁGUA
- ÓLEO VEGETAL
- CORANTE ALIMENTÍCIO

RELAÇÃO COM A VIDA: DENSIDADE E LÍQUIDOS INSOLÚVEIS

1
PEGUE UM COPO OU JARRA ALTA E ENCHA ATÉ A METADE COM ÁGUA.

2
DESPEJE COM CUIDADO UM POUCO DE ÓLEO VEGETAL DENTRO DA JARRA. VOCÊ OBSERVARÁ QUE O ÓLEO VAI FLUTUAR ACIMA DA ÁGUA.

3
DESPEJE LENTAMENTE O CORANTE ALIMENTÍCIO POR CIMA DO ÓLEO. VOCÊ PODE USAR DUAS A TRÊS CORES DE SUA ESCOLHA.

4
AS GOTINHAS DE CORANTE ALIMENTÍCIO PRIMEIRO CAEM PASSANDO PELO ÓLEO E FORMAM MIÇANGAS NO LIMITE ENTRE A CAMADA DE ÓLEO E A ÁGUA.

5
AS GOTINHAS DE CORANTE ALIMENTÍCIO ATRAVESSAM LENTAMENTE A ÁGUA E SE ESPALHAM AO DESCER RUMO AO FUNDO DO VIDRO.

6
AS MIÇANGAS DE CORANTE ALIMENTÍCIO VÃO CONTINUAR A SAIR DO ÓLEO E PARECER FOGOS DE ARTIFÍCIO EM UM RECIPIENTE DE VIDRO.

O STEM POR TRÁS DISSO

O CORANTE ALIMENTÍCIO É MAIS DENSO DO QUE A ÁGUA, ENTÃO ELE AFUNDA, DEIXANDO RASTROS QUE SE ASSEMELHAM A PEQUENOS FOGOS DE ARTIFÍCIO.

A DENSIDADE DO ÓLEO É MENOR DO QUE DA ÁGUA. ALÉM DISSO O ÓLEO NÃO SE MISTURA COM A ÁGUA. ESSES DOIS FATORES FAZEM O ÓLEO FLUTUAR NA SUPERFÍCIE DA ÁGUA NA JARRA.

PROPULSIONE O SEU BARCO COM SABÃO

VOCÊ VAI PRECISAR DE:
- CARTOLINA OU PAPELÃO
- LÁPIS
- MARCADOR PRETO
- UMA VASILHA DE ÁGUA
- TESOURA
- COLA
- DETERGENTE OU SABÃO

1 DESENHE O FORMATO DE UM BARCO NUMA CARTOLINA OU PAPELÃO.

2 ENTÃO FAÇA UM FURINHO ATRÁS DO BARCO NO MEIO DA BEIRADA TRASEIRA DO BARCO. ESTE É O SEU PONTO ALVO.

3 RECORTE A FIGURA DO BARCO RENTE AO CONTORNO. ASSIM SE FAZ O SEU BARCO.

4 COLOQUE O BARCO GENTILMENTE NA VASILHA DE ÁGUA.

5 PINGUE UMA GOTA DE DETERGENTE OU SABÃO SOBRE O FURO DO BARCO.

6 O BARCO DISPARA PARA FRENTE ATRAVESSANDO A VASILHA.

O STEM POR TRÁS DISSO

O SABÃO REDUZ A TENSÃO DA SUPERFÍCIE DA ÁGUA AO REDOR DA TRASEIRA DO BARCO.

A TENSÃO DA SUPERFÍCIE PUXANDO NA FRENTE DO BARCO É AGORA MAIOR DO QUE A FORÇA O PUXANDO DE TRÁS, ENTÃO O BARCO SE MOVE PARA FRENTE. ISSO É CONHECIDO COMO EFEITO MARANGONI.

17
VULCÃO SUBMARINO
RELAÇÃO COM A VIDA: TENSÃO DA SUPERFÍCIE

NÍVEL DE DIFICULDADE

VOCÊ VAI PRECISAR DE:
- UMA GARRAFINHA DE VIDRO TRANSPARENTE
- TESOURA
- UMA JARRA DE VIDRO GRANDE *(MAIS ALTA DO QUE A GARRAFINHA)*
- BARBANTE
- CORANTE ALIMENTÍCIO
- COLA
- ÁGUA QUENTE E FRIA

1  CORTE UM PEDAÇO DE BARBANTE COMPRIDO E DÊ UM NÓ FIRME NUMA DAS PONTAS AO REDOR DO GARGALO DE UMA GARRAFINHA DE VIDRO.

2  ENTRELACE A OUTRA PONTA E FAÇA O MESMO NA DIREÇÃO OPOSTA DO PRIMEIRO NÓ. CERTIFIQUE-SE DE QUE OS NÓS ESTEJAM FIRMES. ESTA É A SUA ALÇA PARA PEGAR A GARRAFA.

3  EM SEGUIDA, PEGUE A JARRA DE VIDRO GRANDE E ENCHA ¾ COM ÁGUA FRIA.

4  COM A AJUDA DE UM ADULTO, ENCHA A GARRAFINHA COM ÁGUA QUENTE. ACRESCENTE CORANTE ALIMENTÍCIO PARA QUE A ÁGUA FIQUE VERMELHA.

5  PEGUE A GARRAFINHA COM CUIDADO PELA ALÇA DE BARBANTE E BAIXE-A GENTILMENTE DENTRO DA JARRA DE ÁGUA FRIA.

6  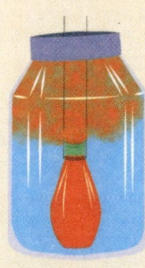 A ÁGUA VERMELHA QUENTE COMEÇA A BROTAR DA GARRAFINHA IGUAL A FUMAÇA E LAVA DE UM VULCÃO EM ERUPÇÃO.

O STEM POR TRÁS DISSO

A ÁGUA QUENTE É MENOS DENSA DO QUE A ÁGUA FRIA. QUANDO COLOCAMOS ÁGUA QUENTE DENTRO DA JARRA COM ÁGUA FRIA, A ÁGUA QUENTE EMERGE ATÉ O TOPO DO RECIPIENTE. ELA CIRCULA NO TOPO DO RECIPIENTE, QUE PARECE UM VULCÃO EM ERUPÇÃO.

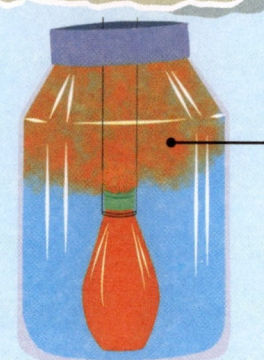

OS LÍQUIDOS COM MENOS DENSIDADE SOBEM E AQUELES COM MAIS DENSIDADE DESCEM.

18
AREIA MÁGICA

RELAÇÃO COM A VIDA: SUBSTÂNCIAS HIDROFÓBICAS

NÍVEL DE DIFICULDADE

REQUER SUPERVISÃO DE UM ADULTO

VOCÊ VAI PRECISAR DE:
- AREIA COLORIDA
- UM GRANDE POTE DE VIDRO COM ÁGUA
- UM RECIPIENTE OU BANDEJA RASA
- SPRAY PROTETOR DE TECIDO
- PAPEL DE CERA OU PAPEL ALUMÍNIO
- UMA COLHER

1  FORRE O RECIPIENTE OU BANDEJA RASA COM PAPEL DE CERA OU PAPEL ALUMÍNIO.

2 ESPALHE A AREIA COLORIDA SOBRE ELE. ENTÃO BORRIFE SPRAY PROTETOR DE TECIDO SOBRE A AREIA. APÓS ALGUNS MINUTOS, MISTURE A AREIA E BORRIFE OUTRA CAMADA DO SPRAY PROTETOR DE TECIDO POR CIMA. VOCÊ PODE USAR QUANTAS CORES DESEJAR E PREPARAR BANDEJAS DIFERENTES.

3  DEIXE A AREIA SECAR POR CERCA DE 1 HORA.

4  MANTENHA A AREIA COLORIDA EM DIFERENTES RECIPIENTES. ENCHA UM POTE DE VIDRO COM ÁGUA.

5 AGORA DESPEJE A AREIA COLORIDA DENTRO DO POTE COM ÁGUA.

6  A AREIA SE AGRUPA NO FUNDO DO POTE.

7  RETIRE UM POUCO DE AREIA DA ÁGUA. VOCÊ VAI OBSERVAR QUE ELA ESTÁ COMPLETAMENTE SECA E SOLTA. QUANDO VOCÊ A DEIXAR CAIR DE VOLTA NA ÁGUA, ELA VOLTARÁ A SE AGRUPAR.

O STEM POR TRÁS DISSO

O SPRAY PROTETOR DE TECIDO CONTÉM COMPOSTOS QUÍMICOS ORGANOFLUORADOS E DESTILADOS DE PETRÓLEO. QUANDO O PROTETOR É BORRIFADO SOBRE A AREIA, SUA SUPERFÍCIE É EXPOSTA A UM TRATAMENTO QUÍMICO ESPECIAL. ISSO TORNA A AREIA HIDROFÓBICA, ISTO É, 'COM AVERSÃO A ÁGUA'. ELA REPELE A ÁGUA E PARECE GRUMOSA.

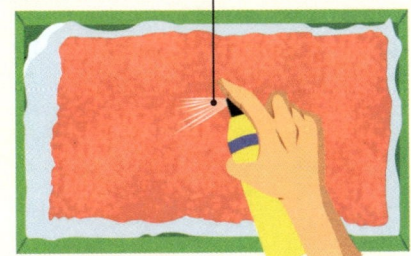

POR QUE A ÁGUA SOBE

NÍVEL DE DIFICULDADE
■ ■ □
REQUER SUPERVISÃO DE UM ADULTO

VOCÊ VAI PRECISAR DE:
- UMA VELA
- FÓSFOROS
- UM PRATO
- UM RECIPIENTE TRANSPARENTE E FINO
- UM COPO CHEIO D'ÁGUA EM TEMPERATURA AMBIENTE
- CORANTE ALIMENTÍCIO
- UMA COLHER

RELAÇÃO COM A VIDA: EFEITOS DO AR QUENTE E FRIO

1

ACRESCENTE 2 A 3 GOTAS DE CORANTE ALIMENTÍCIO À ÁGUA E MISTURE BEM PARA QUE A TINTA SE DISSOLVA COMPLETAMENTE NELA.

2

DESPEJE A ÁGUA COLORIDA EM UM PRATO.

3

COLOQUE UMA VELA NO CENTRO DO PRATO. COLOQUE UM RECIPIENTE FINO SOBRE A VELA E DENTRO DA ÁGUA E VERIFIQUE SE SUA BASE ESTÁ BEM ACIMA DO PAVIO DA VELA E A BEIRADA DA BOCA DO RECIPIENTE FIQUE SUBMERSA NA ÁGUA. *(DICA: ESSA VERIFICAÇÃO PRECISA SER FEITA AQUI ANTES DE ACENDER A VELA NA ETAPA 4 E ASSIM FAZER O EXPERIMENTO FUNCIONAR!)*

4

ASSIM QUE A VELA SE ESTABILIZAR NO PRATO E A ÁGUA ESTIVER PARADA, ACENDA A VELA. DEIXE A CHAMA DA VELA QUEIMAR CLARAMENTE.

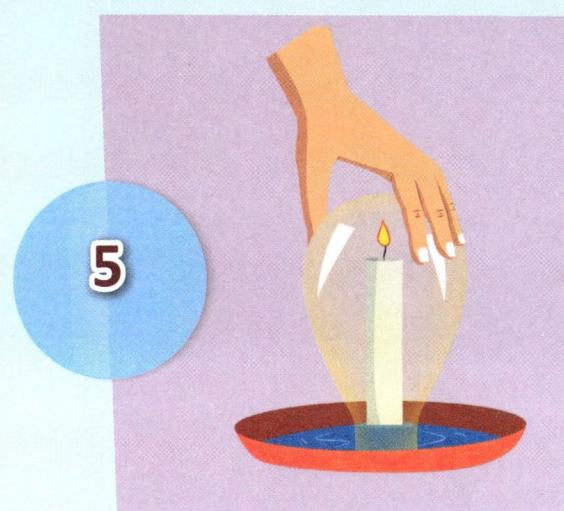

5 VIRE O RECIPIENTE CUIDADOSAMENTE E BAIXE-O SOBRE A VELA ACESA. COLOQUE-O NO PRATO DENTRO DA ÁGUA COMO MOSTRADO.

6 VOCÊ PODE VER BOLHAS SAINDO DE DENTRO DO RECIPIENTE. A ÁGUA SOBE NO RECIPIENTE E A VELA CONTINUA QUEIMANDO. DEPOIS DE ALGUM TEMPO, A VELA SE APAGA E A ÁGUA SOBE RAPIDAMENTE NO RECIPIENTE.

O STEM POR TRÁS DISSO

A CHAMA DA VELA AQUECE O AR DENTRO DO RECIPIENTE, QUE EXPANDE RAPIDAMENTE. UM POUCO DESTE AR QUENTE EM EXPANSÃO ESCAPA POR BAIXO DO RECIPIENTE.

QUANDO A CHAMA DIMINUI E APAGA, O AR NO RECIPIENTE ESFRIA E CONTRAI. ISSO CRIA UM VÁCUO FRACO OU UMA PRESSÃO MENOR NO RECIPIENTE. O AR DO LADO EXTERNO COMPRIME A ÁGUA NO PRATO E A EMPURRA PARA DENTRO DO RECIPIENTE ATÉ QUE A PRESSÃO ESTEJA IGUALADA DENTRO E FORA DO RECIPIENTE.

20
A ÁGUA TRAFEGA

RELAÇÃO COM A VIDA: TRANSPORTE NAS PLANTAS

NÍVEL DE DIFICULDADE

VOCÊ VAI PRECISAR DE:
- 7 POTES DE VIDRO IDÊNTICOS
- CORANTE ALIMENTÍCIO VERMELHO, AMARELO, AZUL E VERDE
- ÁGUA
- PAPEL TOALHA

1

ENCHA QUATRO POTES DE VIDRO COM ¾ DE ÁGUA. DEIXE OS OUTROS TRÊS POTES VAZIOS.

2

ACRESCENTE ALGUMAS GOTAS DE CORANTE ALIMENTÍCIO VERMELHO AO PRIMEIRO POTE DE ÁGUA, AMARELO NO SEGUNDO, VERDE NO TERCEIRO E AZUL NO QUARTO POTE. MISTURE AS CORES UNIFORMEMENTE EM CADA POTE.

3

PEGUE UM PEDAÇO DE PAPEL TOALHA E DOBRE-O AO MEIO PARA QUE FIQUE COM 5 CM DE ESPESSURA. REPITA O MESMO COM OUTROS SEIS PEDAÇOS DE PAPEL TOALHA.

4

AGORA PREPARE A ESTRUTURA. ARRUME OS 7 POTES COMO MOSTRADO.

5

EM SEGUIDA, PEGUE OS PAPÉIS TOALHA. MERGULHE UMA PONTA DE UM PAPEL TOALHA DENTRO DO PRIMEIRO POTE COM ÁGUA COLORIDA. COLOQUE A OUTRA PONTA DENTRO DO POTE VAZIO. REPITA A ETAPA COM OS OUTROS PAPÉIS TOALHAS E POTES. DEIXE OS POTES EM PAZ POR UMA HORA.

6

DEPOIS DE ALGUM TEMPO VOCÊ VERÁ QUE A ÁGUA TRANSITOU PELOS PAPÉIS TOALHA INDO DOS POTES COM ÁGUA COLORIDA PARA OS POTES VAZIOS E AS CORES SE MISTURARAM.

O STEM POR TRÁS DISSO

A CAPILARIDADE E AS FORÇAS ATRATIVAS FAZEM A ÁGUA 'TRAFEGAR'. A CAPILARIDADE É A HABILIDADE DE UM LÍQUIDO ANDAR PARA CIMA CONTRA A GRAVIDADE.

OS PAPÉIS TOALHA ATUARAM COMO TUBOS CAPILARES PARA TRANSPORTAR ÁGUA. OS PAPÉIS TOALHA SÃO FEITOS DE FIBRAS DE CELULOSE E A ÁGUA FLUI PARA CIMA ATRAVÉS DE MINÚSCULAS BRECHAS ENTRE ESSAS FIBRAS.

EXPERIMENTOS COM

CALOR

O CALOR SE DEFINE COMO O GRAU DE QUENTURA OU RESFRIAMENTO DE UM OBJETO.

É UMA FORMA DE ENERGIA ESSENCIAL QUE É USADA PARA VÁRIAS ATIVIDADES COMO COZINHAR, AQUECER COISAS, PASSAR ROUPAS, FABRICAR VIDRO, PAPEL E TÊXTEIS E FAZER FUNCIONAR LOCOMOTIVAS.

O CALOR SEMPRE SE TRANSFERE DE UMA ÁREA OU CORPO MAIS QUENTE PARA UM MAIS FRIO. ISSO ACONTECE DE TRÊS MODOS: CONDUÇÃO, CONVECÇÃO E RADIAÇÃO.

21 CONDUZINDO CALOR

RELAÇÃO COM A VIDA: TRANSFERÊNCIA DE CALOR EM SÓLIDOS

NÍVEL DE DIFICULDADE

REQUER SUPERVISÃO DE UM ADULTO POR TER ÁGUA QUENTE

VOCÊ VAI PRECISAR DE:
- UMA PEQUENA TIGELA DE VIDRO
- UMA ESPÁTULA
- TRÊS COLHERES: UMA DE MADEIRA, UMA DE PLÁSTICO E UMA DE METAL
- TRÊS MIÇANGAS
- MANTEIGA
- ÁGUA FERVENTE

1 PEGUE UMA TIGELA DE VIDRO. ACOMODE AS COLHERES LÁ DENTRO DE MODO QUE SEUS CABOS FIQUEM DENTRO E SUAS PARTES SUPERIORES FIQUEM CONFORTAVELMENTE FORA DA TIGELA.

2 PASSE UM POUCO DE MANTEIGA NA PONTA DE CADA COLHER USANDO UMA ESPÁTULA.

3 COLOQUE COM CUIDADO UMA MIÇANGA SOBRE O NACO DE MANTEIGA EM CADA COLHER.

4 COM A AJUDA DE UM ADULTO, DESPEJE A ÁGUA FERVENTE NA TIGELA ATÉ A BORDA. TENHA CUIDADO PARA QUE AS COLHERES FIQUEM NA MESMA POSIÇÃO.

5 ESPERE ALGUNS MINUTOS E OBSERVE AS MIÇANGAS. A MIÇANGA NA COLHER DE METAL DESLIZARÁ MAIS DEPRESSA DO QUE AS QUE ESTÃO NAS COLHERES DE MADEIRA E PLÁSTICO.

O STEM POR TRÁS DISSO

OS METAIS SÃO BONS CONDUTORES DE CALOR, JÁ O PLÁSTICO E A MADEIRA SÃO CONDUTORES RUINS DE CALOR. SENDO ASSIM, A COLHER DE METAL ESQUENTA MAIS DEPRESSA DO QUE AS OUTRAS DUAS COLHERES. A MANTEIGA COMEÇA A DERRETER FAZENDO A MIÇANGA DESLIZAR PELA COLHER.

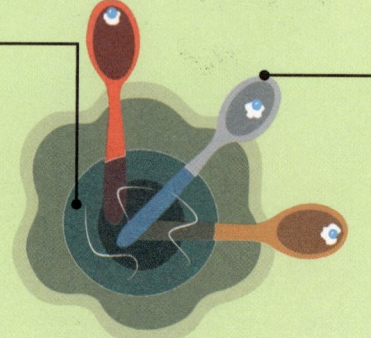

QUANDO COLOCAMOS AS COLHERES DENTRO DE ÁGUA FERVENTE, O CALOR É TRANSFERIDO DAS MOLÉCULAS DE ÁGUA PARA AS MOLÉCULAS DAS COLHERES.

22
GELO QUENTE

RELAÇÃO COM A VIDA: ALMOFADAS DE AQUECIMENTO E AQUECEDORES DE MÃO

NÍVEL DE DIFICULDADE
REQUER SUPERVISÃO DE UM ADULTO

VOCÊ VAI PRECISAR DE:
- 160 G DE ACETATO DE SÓDIO (OU ETANOATO DE SÓDIO)
- ÁGUA
- UM BÉQUER DE VIDRO (RECIPIENTE)
- UM PRATO
- CRISTAIS DE ACETATO DE SÓDIO

1 PEGUE UM BÉQUER E COLOQUE LÁ DENTRO 160 G DE ACETATO DE SÓDIO. AGORA, ACRESCENTE LENTAMENTE 30 ML DE ÁGUA.

2 COM A AJUDA DE UM ADULTO, AQUEÇA O BÉQUER ATÉ QUE OS CRISTAIS SE DISSOLVAM NA ÁGUA. MEXA CONSTANTEMENTE ENQUANTO AQUECE A SOLUÇÃO.

3 RETIRE O BÉQUER DO FOGÃO DE AQUECIMENTO E CUBRA-O. AGORA COLOQUE-O NA GELADEIRA PARA ESFRIAR.

4 EM SEGUIDA, COLOQUE DOIS A TRÊS CRISTAIS DE ACETATO DE SÓDIO NO CENTRO DE UM PRATO. AGORA DESPEJE A SOLUÇÃO DE ACETATO DE SÓDIO BEM DEVAGAR POR CIMA DOS CRISTAIS.

5 OS CRISTAIS VÃO CRESCER CONFORME VOCÊ DESPEJA A SOLUÇÃO FORMANDO TORRES IMPRESSIONANTES!

O STEM POR TRÁS DISSO

A SOLUÇÃO FRIA DE ACETATO DE SÓDIO É UM EXEMPLO DE LÍQUIDO SUPER-RESFRIADO, ISTO É, ELE EXISTE COMO LÍQUIDO ABAIXO DE SEU PONTO DE FUSÃO USUAL.

OS CRISTAIS NO PRATO AGEM COMO UM LOCAL DE NIDIFICAÇÃO PARA OUTROS CRISTAIS CRESCEREM NA SOLUÇÃO.

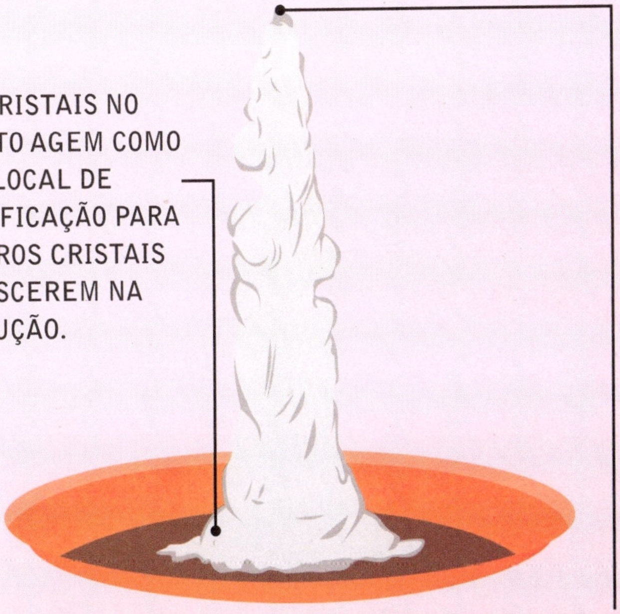

O PROCESSO DE CRISTALIZAÇÃO LIBERA MUITO CALOR, POR ISSO AS 'TORRES' DE CRISTAL SÃO QUENTES AO TOQUE E, PORTANTO, CHAMADAS DE GELO QUENTE.

23
VULCÃO FUMEGANTE

RELAÇÃO COM A VIDA: REAÇÃO ÁCIDO-BASE

NÍVEL DE DIFICULDADE

REQUER PRODUTOS QUÍMICOS QUE PRODUZEM FUMAÇA E CALOR, NECESSITANDO DE SUPERVISÃO RIGOROSA.

VOCÊ VAI PRECISAR DE:
- VINAGRE BRANCO
- BICARBONATO DE SÓDIO
- COPOS MEDIDORES
- CAIXINHA DE FILME FOTOGRÁFICO OU SIMILAR
- ARGILA
- CORANTE ALIMENTÍCIO
- UMA BANDEJA *(OU ASSADEIRA)*

1 MEÇA QUANTIDADES IGUAIS DE BICARBONATO DE SÓDIO E VINAGRE BRANCO E DESPEJE-OS EM COPOS SEPARADOS.

2 ADICIONE ALGUMAS GOTAS DE CORANTE ALIMENTÍCIO VERMELHO AO COPO DE VINAGRE. FAZER ISSO ACRESCENTARÁ UM EFEITO VISUAL À 'LAVA' QUE VAI JORRAR DURANTE O EXPERIMENTO.

3 USANDO MASSA DE MODELAR, CONSTRUA A ESTRUTURA DE UM VULCÃO COMO MOSTRADO NA FIGURA. FAÇA O VULCÃO MAIS ALTO QUE PUDER.

4 RETIRE A TAMPA DA CAIXINHA DO FILME FOTOGRÁFICO E EMPURRE-A NO CUME DO VULCÃO. A PARTE ABERTA DA CAIXINHA DO FILME FOTOGRÁFICO DEVE ESTAR VIRADA PARA CIMA.

5 DESPEJE BICARBONATO DE SÓDIO DENTRO DA CAIXINHA DO FILME FOTOGRÁFICO QUE VOCÊ COLOCOU NO VULCÃO.

6 COM BASTANTE CUIDADO, DESPEJE O VINAGRE COLORIDO DENTRO DA CAIXINHA DO FILME FOTOGRÁFICO E SE AFASTE.

7 O vulcão entra em erupção!

O STEM POR TRÁS DISSO

UMA REAÇÃO ÁCIDO-BASE ACONTECE ENTRE O VINAGRE E O BICARBONATO DE SÓDIO. QUANDO MISTURADOS ELES FORMAM GÁS CARBÔNICO.

O VINAGRE É UM ÁCIDO.

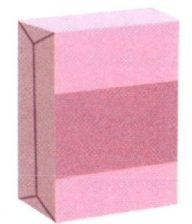

O BICARBONATO DE SÓDIO É UMA BASE.

O GÁS CARBÔNICO SOBE E CRIA O EFEITO 'ERUPÇÃO' NO VULCÃO.

24
PASTA DE DENTE DE ELEFANTE

RELAÇÃO COM A VIDA: REAÇÃO DE DECOMPOSIÇÃO; FUNÇÃO DE CATALISADOR EM REAÇÕES QUÍMICAS

NÍVEL DE DIFICULDADE

ENVOLVE REAÇÕES QUÍMICAS QUE REQUEREM SUPERVISÃO E MEDIDAS DE SEGURANÇA PARA EVITAR ACIDENTES DURANTE A DECOMPOSIÇÃO DA ÁGUA OXIGENADA

VOCÊ VAI PRECISAR DE:
- ÁGUA MORNA
- FERMENTO BIOLÓGICO SECO INSTANTÂNEO
- PERÓXIDO DE HIDROGÊNIO A 3% OU 6% (*ÁGUA OXIGENADA*)
- CORANTE ALIMENTÍCIO
- UMA GARRAFA PLÁSTICA VAZIA
- DETERGENTE
- FUNIL

1. MISTURE DUAS COLHERES DE SOPA DE ÁGUA MORNA E UMA COLHER DE SOPA DE FERMENTO EM UMA TIGELA ATÉ QUE O FERMENTO SE DISSOLVA COMPLETAMENTE NA ÁGUA.

2. PEGUE UMA GARRAFA VAZIA. USANDO UM FUNIL, DESPEJE ½ XÍCARA DE ÁGUA OXIGENADA DENTRO DA GARRAFA.

3. ACRESCENTE ALGUMAS GOTAS DE CORANTE ALIMENTÍCIO VERMELHO À GARRAFA. ISSO É SÓ PARA ACRESCENTAR EFEITO VISUAL AO EXPERIMENTO.

4. ADICIONE UM BOM ESGUICHO DE DETERGENTE DE COZINHA À GARRAFA E MEXA DELICADAMENTE.

5. POR FIM, DESPEJE A MISTURA DE ÁGUA E FERMENTO DENTRO DA GARRAFA. RECUE E OBSERVE ATENTAMENTE O QUE ACONTECE EM SEGUIDA.

6. UMA SUBSTÂNCIA PARECIDA COM UMA PASTA DENTAL ESPUMOSA SAI DA GARRAFA E, POR SER UMA QUANTIDADE TÃO VOLUMOSA, É QUASE SUFICIENTE PARA UM ELEFANTE ESCOVAR OS DENTES!

O STEM POR TRÁS DISSO

QUANDO A ÁGUA OXIGENADA ENTRA EM CONTATO COM O FERMENTO, ELA COMEÇA A SE DECOMPOR EM ÁGUA E OXIGÊNIO.
PELO FATO DE O OXIGÊNIO SER UM GÁS, ELE TENTA ESCAPAR DO LÍQUIDO. O DETERGENTE PRENDE AS BOLHAS DE OXIGÊNIO FORMANDO UMA SUBSTÂNCIA PARECIDA COM ESPUMA QUE POPULARMENTE CONHECEMOS COMO "PASTA DE DENTE DE ELEFANTE".

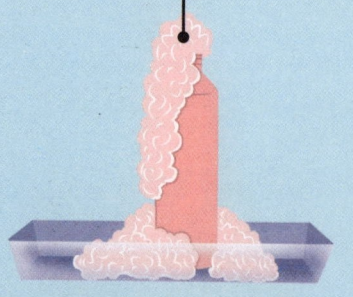

O PERÓXIDO DE HIDROGÊNIO (POPULARMENTE CONHECIDO COMO ÁGUA OXIGENADA) É UM COMPOSTO INSTÁVEL QUE SE DECOMPÕE LENTAMENTE NA ÁGUA E NO OXIGÊNIO SOB CONDIÇÕES NORMAIS.
O FERMENTO AGE COMO UM CATALISADOR NESTE EXPERIMENTO.

25
COMO A ÁGUA ABSORVE O CALOR

RELAÇÃO COM A VIDA: EFEITOS DAS CRESCENTES TEMPERATURAS NO OCEANO

NÍVEL DE DIFICULDADE

VOCÊ VAI PRECISAR DE:
- DOIS BALÕES
- ÁGUA
- UMA VELA
- ACENDEDOR DE FOGÃO OU ISQUEIRO

1 ENCHA COM AR UM BALÃO ATÉ UM TAMANHO NORMAL. ENCHA COM ÁGUA O SEGUNDO BALÃO, INFLANDO-O PARA QUE FIQUE UM POUCO MENOR DO QUE O PRIMEIRO BALÃO.

2 ACENDA A VELA USANDO O ACENDEDOR.

3 SEGURE O BALÃO CHEIO DE AR POR CIMA DA VELA COMO MOSTRADO NA FIGURA.

4 ELE VAI ESTOURAR RAPIDAMENTE, POIS FOI EXPOSTO AO CALOR DA CHAMA DA VELA.

5 AGORA SEGURE O BALÃO CHEIO DE ÁGUA POR CIMA DA VELA. ELE NÃO DEVE ESTOURAR!

O STEM POR TRÁS DISSO

O AR POSSUI UMA CAPACIDADE DE CALOR ESPECÍFICA MENOR DO QUE A ÁGUA. ISSO QUER DIZER QUE A QUANTIDADE DE CALOR NECESSÁRIA PARA AQUECER O AR É MENOR DO QUE A NECESSÁRIA PARA AQUECER A ÁGUA.

O AR DENTRO DO PRIMEIRO BALÃO ABSORVE CALOR MUITO DEPRESSA E SE EXPANDE. E POR ISSO O BALÃO ESTOURA!

A ÁGUA NO SEGUNDO BALÃO ABSORVE MUITO CALOR ANTES DE COMEÇAR A FICAR QUENTE E POR ISSO O SEGUNDO BALÃO NÃO ESTOURA.

26
VAMOS CONSTRUIR UM TERMÔMETRO

RELAÇÃO COM A VIDA: MEDIR A TEMPERATURA

NÍVEL DE DIFICULDADE

REQUER SUPERVISÃO DE UM ADULTO

VOCÊ VAI PRECISAR DE:
- ÁGUA
- ÁLCOOL ISOPROPÍLICO (PARA ASSEPSIA)
- CORANTE ALIMENTÍCIO
- UM MARCADOR
- UMA GARRAFA DE PLÁSTICO
- TESOURA
- CARTÃO
- UM CANUDO TRANSPARENTE
- MASSINHA DE MODELAR
- CUBOS DE GELO
- UM RECIPIENTE RASO
- ESTILETE

1 ENCHA MEIA GARRAFA COM PARTES IGUAIS DE ÁLCOOL ISOPROPÍLICO E ÁGUA. ACRESCENTE ALGUMAS GOTAS DE CORANTE ALIMENTÍCIO.

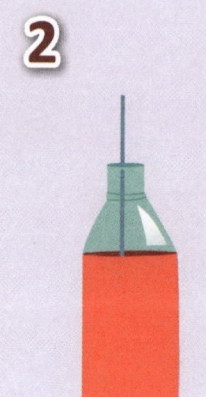

2 COLOQUE UM CANUDO NA GARRAFA DE MANEIRA QUE ELE FIQUE SUBMERSO NA ÁGUA MAS PERMANEÇA LOGO ACIMA DO FUNDO DA GARRAFA.

3 EMBRULHE A MASSINHA DE MODELAR AO REDOR DA BOCA DA GARRAFA E SELE-A BEM. CERTIFIQUE-SE DE QUE FIQUE HERMÉTICA.

4 ASSOPRE GENTILMENTE PELO CANUDO. VOCÊ VERÁ QUE A ÁGUA SOBE PELO CANUDO.

5 COM A AJUDA DE UM ADULTO, USE UM ESTILETE E FAÇA DUAS FENDAS EM UM PEDAÇO DE CARTÃO.

6 DESLIZE O CARTÃO POR CIMA DO CANUDO. ASSOPRE DENTRO DO CANUDO. AGORA, MARQUE O NÍVEL EM QUE A ÁGUA PAROU NO CARTÃO, USANDO UM MARCADOR.

7 MANTENHA O TERMÔMETRO EM UM RECIPIENTE CHEIO DE ÁGUA MORNA. OBSERVE O NÍVEL DE ÁGUA SUBIR NO CANUDINHO. ASSIM QUE A ÁGUA PARAR DE SUBIR, MARQUE O NOVO NÍVEL DA ÁGUA.

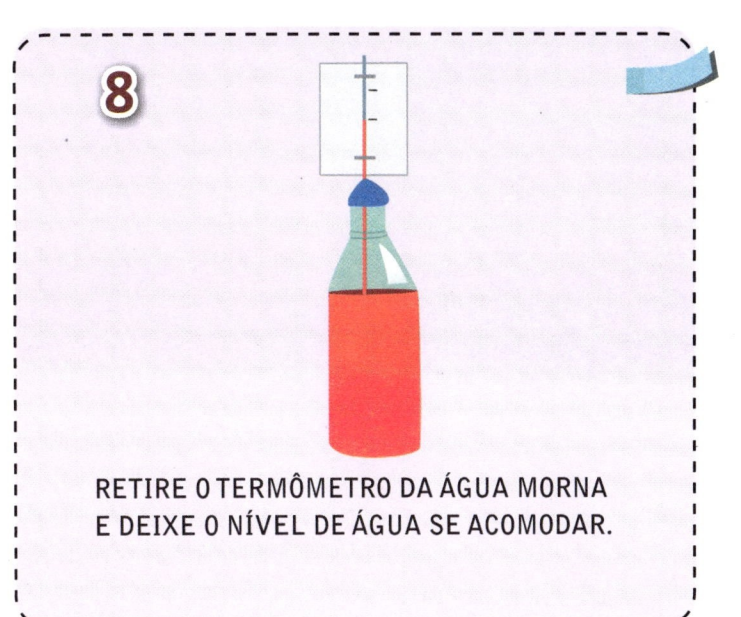

8 RETIRE O TERMÔMETRO DA ÁGUA MORNA E DEIXE O NÍVEL DE ÁGUA SE ACOMODAR.

9 AGORA COLOQUE O TERMÔMETRO EM UM RECIPIENTE COM CUBOS DE GELO. OBSERVE O NÍVEL DE ÁGUA DENTRO DO CANUDO BAIXAR.

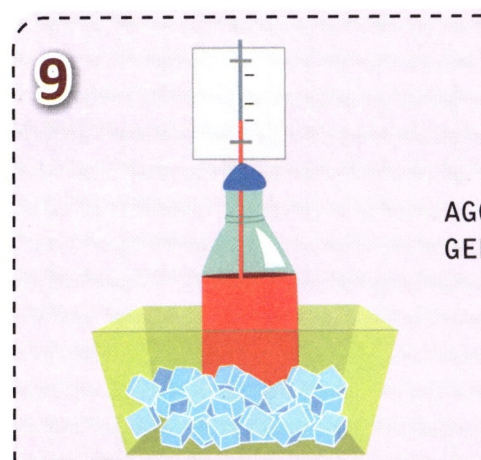

O STEM POR TRÁS DISSO

O AR DENTRO DA GARRAFA SE EXPANDE DEVIDO AO CALOR DA ÁGUA NO RECIPIENTE. POR CAUSA DISSO A ÁGUA É PUXADA PARA CIMA E SEU NÍVEL NO CANUDO SOBE.

QUANDO A GARRAFA É COLOCADA NO RECIPIENTE COM CUBOS DE GELO, O AR DENTRO DA GARRAFA SE CONTRAI. E ENTÃO A ÁGUA DESCE E O NÍVEL NO CANUDO CAI.

27
EXTINTOR DE FOGO INVISÍVEL

RELAÇÃO COM A VIDA: EXTINTORES DE INCÊNDIO DE CO_2

NÍVEL DE DIFICULDADE

ENVOLVE O USO DE FOGO, NECESSITANDO SUPERVISÃO ADULTA.

VOCÊ VAI PRECISAR DE:
- UMA VELA
- UMA GARRAFA DE PLÁSTICO
- BICARBONATO DE SÓDIO
- VINAGRE BRANCO
- UMA CAIXA DE FÓSFOROS
- UM FUNIL

1 ENCHA ¼ DE UMA GARRAFA COM VINAGRE BRANCO.

2 COLOQUE UM FUNIL NA BOCA DA GARRAFA E ACRESCENTE 3 COLHERES DE SOPA DE BICARBONATO DE SÓDIO.

3 VOCÊ VERÁ UM MONTÃO DE BOLHAS SE FORMANDO DENTRO DA GARRAFA.

4 DEIXE A REAÇÃO SE ACALMAR E AS BOLHAS SE ACOMODAREM. ENQUANTO ISSO, ACENDA A VELA E MANTENHA-A AO LADO.

5 DESPEJE LENTAMENTE O LÍQUIDO SOBRE A CHAMA. A CHAMA DA VELA SE APAGA NA HORA!

O STEM POR TRÁS DISSO

QUANDO MISTURAMOS BICARBONATO DE SÓDIO E VINAGRE, OCORRE UMA REAÇÃO QUÍMICA QUE PRODUZ ÁCIDO CARBÔNICO. O ÁCIDO CARBÔNICO, POR SER INSTÁVEL, RAPIDAMENTE SE DECOMPÕE EM GÁS CARBÔNICO (CO_2) E ÁGUA.

O GÁS CARBÔNICO EMPURRA O AR PARA FORA DA GARRAFA E OCUPA TODO O ESPAÇO DENTRO DELA.

QUANDO INCLINAMOS A GARRAFA SOBRE A CHAMA, NA VERDADE A GENTE "DESPEJA" GÁS CARBÔNICO NELA. COM A FALTA DE OXIGÊNIO, A CHAMA SE APAGA!

28
MENSAGEM SECRETA
RELAÇÃO COM A VIDA: OXIDAÇÃO

NÍVEL DE DIFICULDADE

VOCÊ VAI PRECISAR DE:
- LIMÃO
- UMA TIGELA PEQUENA
- PAPEL COMUM
- UMA COLHER
- UMA VELA OU UMA LÂMPADA INCANDESCENTE

1 CORTE O LIMÃO PELA METADE E ESPREMA O SUCO EM UMA TIGELA PEQUENA. O SUCO DE LIMÃO VAI ATUAR COMO TINTA.

2 MERGULHE O COTONETE EM SUCO DE LIMÃO E ESCREVA A SUA MENSAGEM EM UM PEDAÇO DE PAPEL COMUM.

3 VOCÊ VAI OBSERVAR QUE A MENSAGEM É VISÍVEL ENQUANTO O PAPEL ESTIVER ÚMIDO. ASSIM QUE O PAPEL SECAR TOTALMENTE, A SUA MENSAGEM DESAPARECE.

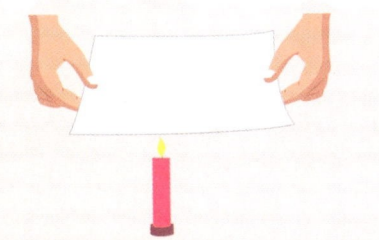

4 COM A AJUDA DE UM ADULTO, SEGURE ESTE PAPEL POR CIMA DE UMA FONTE DE CALOR, COMO UMA VELA ACESA OU UMA LÂMPADA INCANDESCENTE.

5 POUCO DEPOIS A SUA MENSAGEM SECRETA LENTAMENTE SE TORNA VISÍVEL!

O STEM POR TRÁS DISSO

O SUCO DE LIMÃO CONTÉM COMPOSTOS COM BASE DE CARBONO QUE SÃO INCOLORES EM TEMPERATURA AMBIENTE. QUANDO SE ESCREVE A MENSAGEM, ESSES COMPOSTOS COM BASE DE CARBONO SÃO ABSORVIDOS PELO PAPEL.

AO AQUECER O PAPEL, O CARBONO É LIBERADO DO SUCO DE LIMÃO. ELE ENTRA EM CONTATO COM O AR E OXIDA.

ISSO FAZ A SUA MENSAGEM SECRETA (*ESCRITA COM SUCO DE LIMÃO*) FICAR MARROM E A TORNA VISÍVEL.

29
CORRENTES DE CONVECÇÃO COLORIDAS

RELAÇÃO COM A VIDA: BRISAS TERRESTRE E MARÍTIMA

NÍVEL DE DIFICULDADE

VOCÊ VAI PRECISAR DE:
- QUATRO GARRAFAS DE VIDRO OU PLÁSTICO IDÊNTICAS
- ÁGUA QUENTE E FRIA
- CORANTE ALIMENTÍCIO AMARELO E AZUL
- FICHA CATALOGRÁFICA DE 7,5 X 13 CM

1 ENCHA DUAS GARRAFAS COM ÁGUA FRIA E DUAS GARRAFAS COM ÁGUA QUENTE ATÉ A BORDA. VOCÊ PODE MARCAR AS GARRAFAS COM **QUENTE** E **FRIO** USANDO UM MARCADOR E FITA CREPE.

2 DESPEJE ALGUMAS GOTAS DE CORANTE ALIMENTÍCIO AZUL NAS GARRAFAS DE ÁGUA FRIA E CORANTE ALIMENTÍCIO AMARELO NAS GARRAFAS DE ÁGUA QUENTE.

3 COM A AJUDA DE UM ADULTO, COLOQUE UMA FICHA CATALOGRÁFICA POR CIMA DA BOCA DE UMA DAS GARRAFAS QUE POSSUI ÁGUA QUENTE. SEGURANDO A FICHA, VIRE COM CUIDADO A GARRAFA DE CABEÇA PARA BAIXO E COLOQUE-A SOBRE A GARRAFA DE ÁGUA FRIA DE FORMA QUE AS GARRAFAS ESTEJAM POSICIONADAS BOCA A BOCA COM A FICHA ENTRE ELAS.

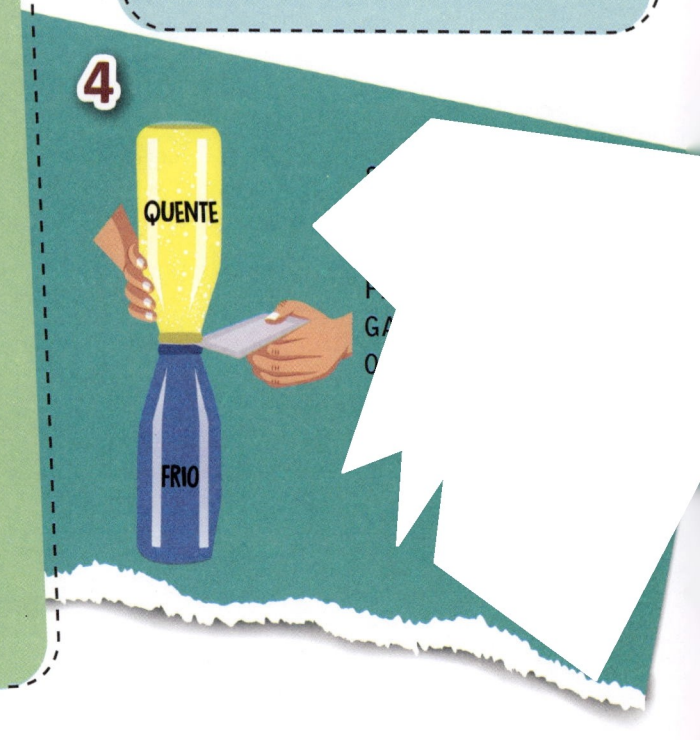

4

5

REPITA A TERCEIRA E QUARTA ETAPA COM A GARRAFA DE ÁGUA FRIA POR CIMA DA GARRAFA DE ÁGUA QUENTE. O QUE ACONTECE COM A ÁGUA NAS GARRAFAS DESTA VEZ?

O STEM POR TRÁS DISSO

ESTE MOVIMENTO DE ÁGUAS QUENTES E FRIAS NAS GARRAFAS OCORRE DEVIDO À CONVECÇÃO – UMA FORMA DE TRANSFERÊNCIA DE CALOR PELO MOVIMENTO EM GASES OU LÍQUIDOS.
A CONVECÇÃO TAMBÉM PODE SER CAUSADA DEVIDO ÀS DIFERENÇAS NA DENSIDADE DOS GASES OU LÍQUIDOS.

QUANDO VOCÊ COLOCA A GARRAFA DE ÁGUA FRIA NO ALTO, A ÁGUA QUENTE, SENDO MENOS DENSA, SOBE PARA DENTRO DA GARRAFA DE ÁGUA FRIA (ISTO É, A GARRAFA DO ALTO).

ISSO PODE SER OBSERVADO QUANDO OS CORANTES ALIMENTÍCIOS AMARELO E AZUL SE MISTURAM E A ÁGUA FICA ESVERDEADA.

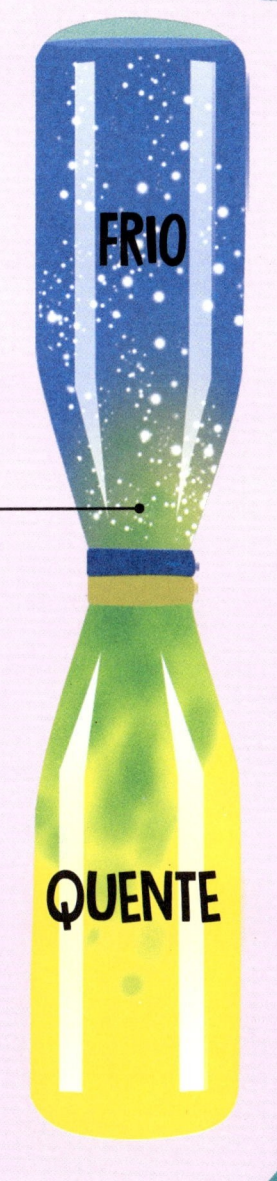

30
FOGUETE DE SACHÊ DE CHÁ

RELAÇÃO COM A VIDA: DIFERENÇA DE DENSIDADE E CORRENTES DE CONVECÇÃO

NÍVEL DE DIFICULDADE

VOCÊ VAI PRECISAR DE:
- UM SACHÊ DE CHÁ
- TESOURA
- UM PRATO RASO
- UMA VELA
- ISQUEIRO OU ACENDEDOR DE FOGÃO

1 CORTE O TOPO DE UM SACHÊ DE CHÁ USANDO A TESOURA.

2 RETIRE O BARBANTE/GRAMPOS SE EXISTIR ALGUM E ESVAZIE TODO O CHÁ EM UMA TIGELA SEPARADA.

3 DESDOBRE O SACHÊ E ENDIREITE-O. DEPOIS ENROLE-O PARA QUE PAREÇA UM CILINDRO OCO.

4 MANTENHA O SACHÊ DE CHÁ NA VERTICAL SOBRE UM PRATO. COM A AJUDA DE UM ADULTO, ACENDA A BORDA SUPERIOR DO SACHÊ DE CHÁ PELAS BEIRADAS.

5 RECUE E DEIXE O SACHÊ QUEIMAR TOTALMENTE.

6 O SACHÊ DE CHÁ LEVITA DO PRATO E RAPIDAMENTE SOBE PELO AR. ELE ENTÃO DESCE LENTAMENTE QUANDO ESFRIA.

O STEM POR TRÁS DISSO

QUANDO O SACHÊ DE CHÁ É QUEIMADO, ELE AQUECE O AR NO INTERIOR E ACIMA DELE. ISSO FAZ SUBIR UMA CORRENTE TERMAL OU DE CONVECÇÃO.
A DENSIDADE DO AR DENTRO DO CILINDRO DO SACHÊ DE CHÁ É MENOR DO QUE FORA.

O LEVE AR QUENTE DENTRO DO SACHÊ SOBE E O AR FRESCO MAIS DENSO DE FORA DO CILINDRO ENTRA DA PARTE INFERIOR DO CILINDRO PARA OCUPAR SEU LUGAR. QUANDO O SACHÊ QUEIMA, SE TRANSFORMA EM CINZAS E FUMAÇA. ELE PESA TÃO POUCO QUE O AR QUENTE RAPIDAMENTE O ERGUE!

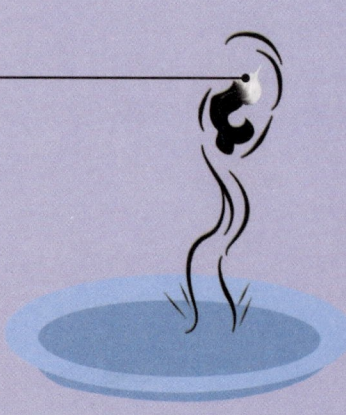

31
GÊISER DE REFRIGERANTE

RELAÇÃO COM A VIDA: CARBONAÇÃO E NUCLEAÇÃO

NÍVEL DE DIFICULDADE

ENVOLVE PRESSÃO E REAÇÃO QUÍMICA, REQUERENDO SUPERVISÃO.

VOCÊ VAI PRECISAR DE:
- UM PEDAÇO DE CARTOLINA (*COLORIDA*) DE 20 X 25 CM
- FITA ADESIVA
- 1 GARRAFA DE REFRIGERANTE
- 7 BALAS DE MENTA.

1 COLOQUE A GARRAFA DE REFRIGERANTE SOBRE UMA SUPERFÍCIE PLANA. REMOVA A TAMPA.

2 ENROLE A CARTOLINA PARA FORMAR UM TUBO E FIXE-A COM FITA ADESIVA. CERTIFIQUE-SE DE QUE O TUBO É GRANDE O BASTANTE PARA CONTER AS BALINHAS DE MENTA SOLTAS.

3 COLOQUE SETE BALAS DE MENTA DENTRO DO TUBO.

4 AGORA MANTENHA O DEDO NA BASE DO TUBO E POSICIONE-O DIRETAMENTE ACIMA DA BOCA DA GARRAFA.

5 AGORA REMOVA O DEDO E DEIXE CAIR TODAS AS BALINHAS DENTRO DA GARRAFA IMEDIATAMENTE.

6 AFASTE-SE E OBSERVE O INCRÍVEL GÊISER DE REFRIGERANTE.

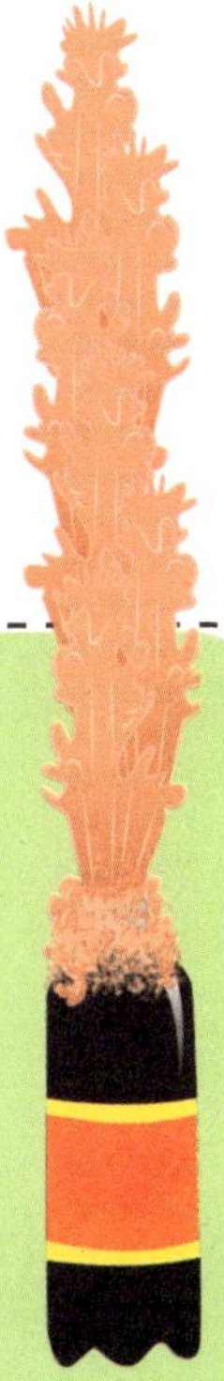

O STEM POR TRÁS DISSO

O REFRIGERANTE É UMA BEBIDA COM CARBONATO (O QUE SIGNIFICA QUE ELA CONTÉM GÁS CARBÔNICO DISSOLVIDO (CO_2)).

A SUPERFÍCIE DA BALA DE MENTA É ÁSPERA E TEM MUITOS BURACOS MINÚSCULOS.

ASSIM QUE AS BALINHAS SÃO DESPEJADAS DENTRO DA GARRAFA ELAS BATEM NO REFRIGERANTE E MAIS BOLHAS DE CO_2 SE FORMAM NA SUA SUPERFÍCIE. ESSAS BOLHAS SOBEM RAPIDAMENTE ATÉ A SUPERFÍCIE DO LÍQUIDO E RESULTAM NUMA INCRÍVEL ERUPÇÃO DE REFRIGERANTE!

AS BALAS, SENDO PESADAS, CAEM ATÉ O FUNDO DA GARRAFA DE REFRIGERANTE.

FLOR MOVIDA A ENERGIA TÉRMICA

RELAÇÃO COM A VIDA...

NÍVEL DE DIFICULDADE

VOCÊ VAI PRECISAR DE:
- MASSINHA DE MODELAR
- CANUDOS
- ESPETOS DE MADEIRA
- PAPEL COLORIDO
- TESOURA
- UMA VELA
- FITA ADESIVA
- UMA RÉGUA
- UM ACENDEDOR OU ISQUEIRO
- UM PARAFUSO GANCHO

1 USANDO A TESOURA, APARE O CANUDO E O ESPETO DE TAL FORMA QUE O ESPETO SEJA UNS 2,5 CM MAIS COMPRIDO DO QUE O CANUDO. DEIXE RESERVADO.

2 DESENHE UMA FLOR E UMA FOLHA SOBRE PAPÉIS COLORIDOS E RECORTE-OS RENTE ÀS BORDAS COMO MOSTRADO.

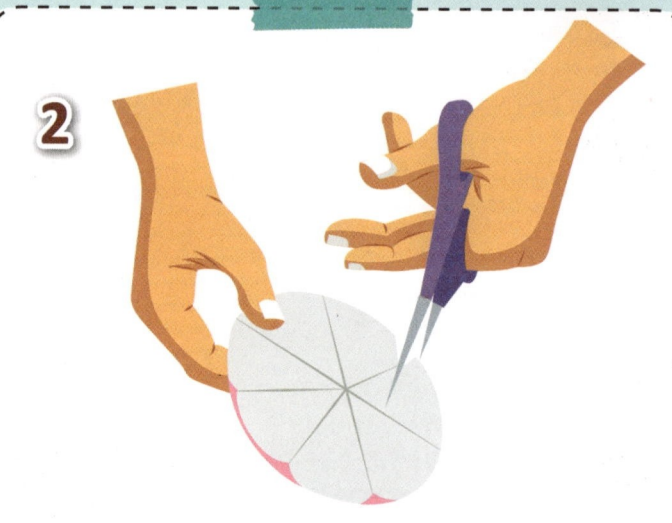

3 GIRE AS PÉTALAS DE MANEIRA QUE CRIEM UM FORMATO DE VENTILADOR.

4 MANTENHA O CANUDO NA VERTICAL E ENVOLVA A SUA BASE EM MASSINHA DE MODELAR.

5 PRENDA O PARAFUSO GANCHO NO CANUDO USANDO FITA ADESIVA E PRENDA O RECORTE DE FOLHA AO PARAFUSO GANCHO COM FITA ADESIVA.

6

PRENDA A PONTA ACHATADA DO ESPETO NA BASE DA FLOR USANDO UM POUCO DE MASSINHA DE MODELAR. COLOQUE COM CUIDADO O ESPETO DENTRO DO CANUDO PARA QUE SUA OUTRA PONTA DESCANSE NA MESA.

7

ACENDA QUATRO VELAS E COLOQUE-AS PERTO DA BASE DO CANUDO COMO MOSTRADO.

8

A FLOR COMEÇARÁ A GIRAR EM ALGUM MOMENTO!

O STEM POR TRÁS DISSO

AS CHAMAS DA VELA AQUECEM O AR AO REDOR DELAS FAZENDO O AR SE EXPANDIR E SE TORNAR MAIS LEVE DO QUE O AR MAIS FRESCO AO REDOR.

O AR AQUECIDO SOBE VERTICALMENTE, CRIANDO UMA BRISA GENTIL E AQUECIDA. ISSO FAZ A FLOR GIRAR!

EXPERIMENTOS COM

LUZ

A LUZ É UMA FORMA DE ENERGIA. EXISTEM DIFERENTES FONTES DE LUZ. A LUZ SOLAR É A FONTE NATURAL DE LUZ NA TERRA. AS OUTRAS FONTES DE LUZ INCLUEM LÂMPADAS ELÉTRICAS E DE LED. PODEMOS VER AS COISAS AO NOSSO REDOR PORQUE LIBERAM LUZ OU REFLETEM LUZ QUE INCIDE SOBRE ELAS.

A LUZ PODE TRAFEGAR POR TODOS OS MEIOS E ATÉ NO VÁCUO. ELA NORMALMENTE TRANSITA EM LINHA RETA. PORÉM, QUANDO A LUZ PASSA DE UM MEIO PARA OUTRO, ELA SE INCLINA OU VIRA. O FENÔMENO É CHAMADO DE REFRAÇÃO DA LUZ. QUANDO A LUZ INCIDE SOBRE UM OBJETO OPACO, ELE QUICA OU REFLETE. ESSE FENÔMENO SE CHAMA REFLEXÃO.

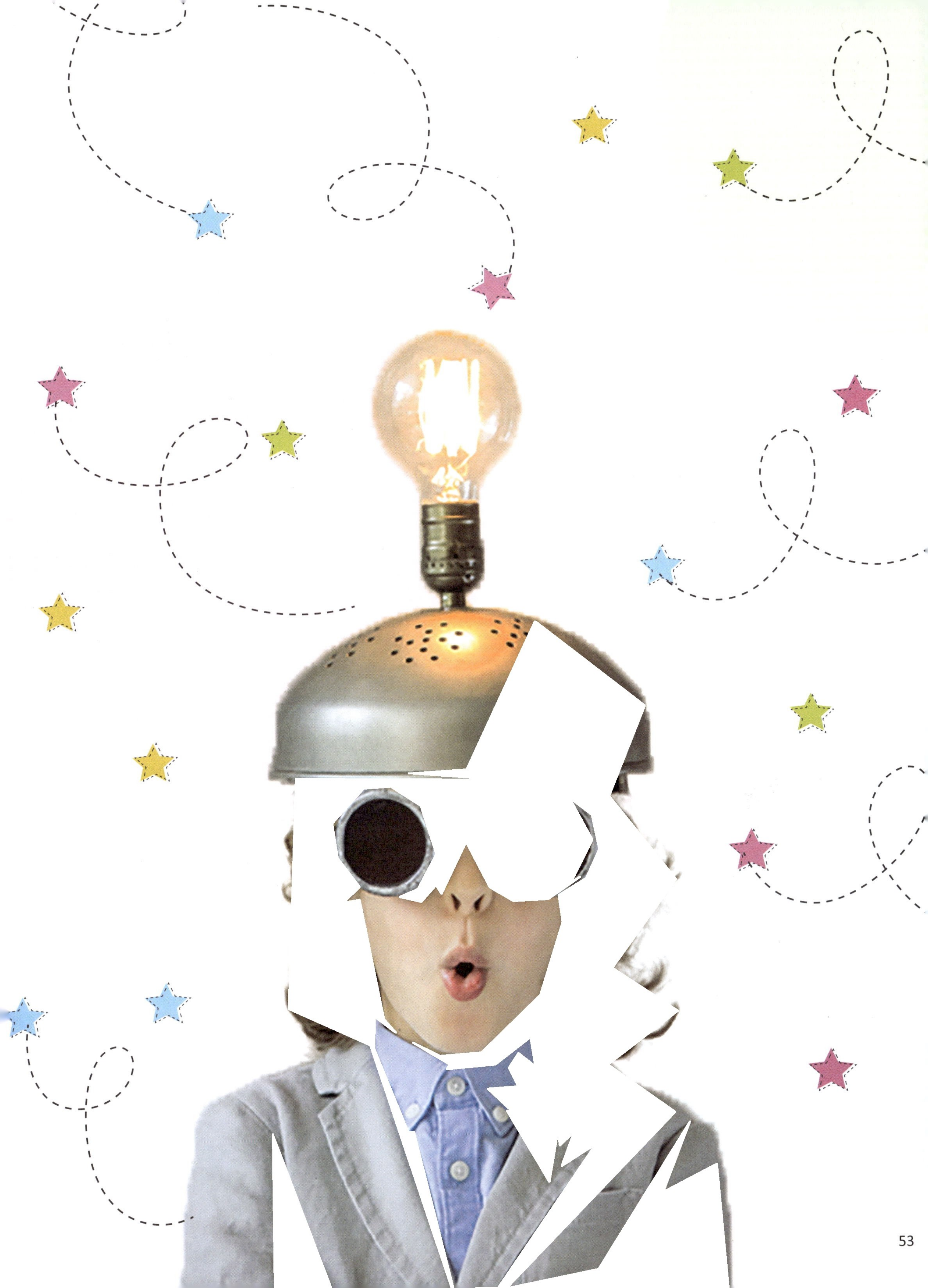

33
CANETA DE LUZ

RELAÇÃO COM A VIDA: DÍODOS QUE EMITEM LUZ

NÍVEL DE DIFICULDADE

REQUER SUPERVISÃO DE UM ADULTO

VOCÊ VAI PRECISAR DE:
- UMA LUZ LED DA COR DE SUA PREFERÊNCIA
- CÂMERA DIGITAL COM TEMPO AJUSTÁVEL OU VELOCIDADE DO OBTURADOR
- FITA ADESIVA
- UMA PILHA TIPO BOTÃO

1 CONECTE A LUZ DE LED À BATERIA COLOCANDO UM PINO EM CADA LADO. O PINO MAIS COMPRIDO DO LED DEVE SER CONECTADO AO POLO POSITIVO DA BATERIA. O LED DEVE LIGAR.

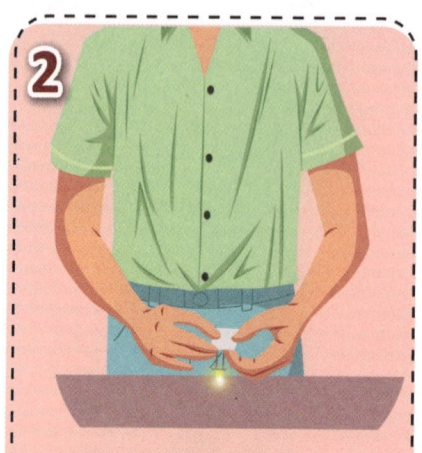

2 USANDO FITA ADESIVA, PRENDA OS PINOS DO LED ILUMINADO FIRMEMENTE À BATERIA PARA QUE ELA NÃO OSCILE. A SUA CANETA ESTÁ PRONTA.

3 EM SEGUIDA, PEÇA PARA UM ADULTO AJEITAR A CÂMERA EM UM TRIPÉ. A CÂMERA DEVE SER AJUSTADA PARA UM TEMPO DE EXPOSIÇÃO LONGO OU VELOCIDADE LENTA DO OBTURADOR. DIMINUA AS LUZES E ESCUREÇA O QUARTO O MÁXIMO QUE PUDER.

4 APONTANDO O LED PARA A CÂMERA, ESCREVA ALGO NO AR DA DIREITA PARA A ESQUERDA. POR EXEMPLO: "LEGAL". A PALAVRA APARECERÁ NA TELA DA CÂMERA!

O STEM POR TRÁS DISSO

O AJUSTE CERTO DA CÂMERA TORNA A ESCRITA COM O LED BEM-SUCEDIDA.
O OBTURADOR DA CÂMERA PERMITE À LUZ ENTRAR NELE E FAZER AS FIGURAS. ISSO ACONTECE POR UMA FRAÇÃO DE SEGUNDO.

QUANDO A CÂMERA ESTÁ AJUSTADA PARA UM MODO DE EXPOSIÇÃO LONGO OU UMA VELOCIDADE DO OBTURADOR LENTA, O OBTURADOR PERMANECE ABERTO POR UM PERÍODO MAIOR DO QUE O NORMAL. ISSO PERMITE À CÂMERA CAPTURAR A LUZ CONTINUAMENTE ENQUANTO ESTAMOS ESCREVENDO USANDO O LED. E ASSIM A NOSSA MENSAGEM É CAPTURADA!

34
MUDANÇA DE DIREÇÃO DA MINHOCA

RELAÇÃO COM A VIDA: REFRAÇÃO DA LUZ

NÍVEL DE DIFICULDADE

VOCÊ VAI PRECISAR DE:
- UM PEDAÇO DE PAPEL BRANCO
- UM MARCADOR
- UM COPO *TUMBLER* (TAÇA/COPO DE VIDRO GROSSO SEM ALÇA E SEM PÉ)
- ÁGUA

1 DESENHE DUAS MINHOCAS EM UMA FOLHA DE PAPEL BRANCA. UMA MINHOCA NA PARTE DE CIMA E OUTRA NA PARTE DE BAIXO DA FOLHA. FAÇA ESSAS MINHOCAS APONTAREM PARA A MESMA DIREÇÃO.

2 AGORA ENCHA UM COPO COM ÁGUA.

3 EM SEGUIDA BAIXE LENTAMENTE O PEDAÇO DE PAPEL POR TRÁS DO COPO. HÁ ALGUMA MUDANÇA NO DESENHO? COM CERTEZA NÃO!

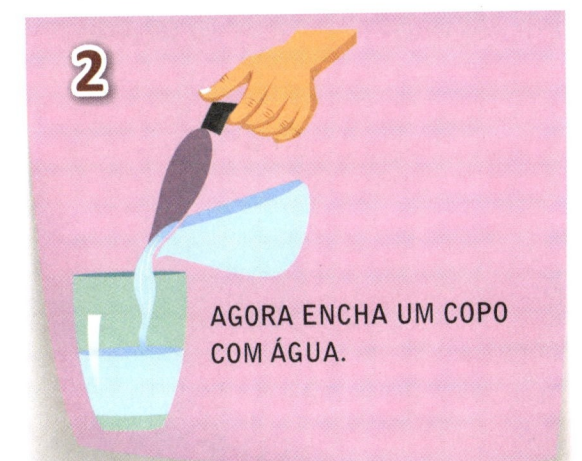

4 OLHE ATRAVÉS DO COPO NOVAMENTE. A MINHOCA DA PARTE DE BAIXO DO PAPEL MUDOU DE DIREÇÃO!

O STEM POR TRÁS DISSO

É UMA ILUSÃO DE ÓTICA DEVIDA À REFRAÇÃO DA LUZ!

A LUZ PRIMEIRO VIAJA ATRAVÉS DO VIDRO PARA A ÁGUA E SE DOBRA UMA VEZ. ELA ENTÃO VIAJA PARA FORA DO VIDRO PARA O AR E SE DOBRA NOVAMENTE.

ISSO RESULTA NO CRUZAMENTO DAS TRAJETÓRIAS DA LUZ. E ASSIM A MINHOCA PARECE ESTAR VIRADA HORIZONTALMENTE.

35
VAMOS FAZER UMA LANTERNA

RELAÇÃO COM A VIDA: FUNCIONAMENTO DE UMA LÂMPADA

NÍVEL DE DIFICULDADE

REQUER SUPERVISÃO DE UM ADULTO

VOCÊ VAI PRECISAR DE:
- UMA GARRAFA DE PLÁSTICO VAZIA
- PAPEL ALUMÍNIO
- FITA ADESIVA
- ALGODÃO
- FIO ELÉTRICO CORTADO EM TRÊS PEDAÇOS COM AS EXTREMIDADES DESCASCADAS.
- CLIPES DE PAPEL
- UM LÁPIS
- DUAS PILHAS (BATERIAS) DE 1,5 V
- PRENDEDOR DE PAPEL
- TESOURA
- UMA LÂMPADA PEQUENA EM UM SOQUETE

1 TIRE A TAMPA DA GARRAFA. COM A AJUDA DE UM ADULTO, RECORTE A PARTE SUPERIOR USANDO A TESOURA. USANDO UM OBJETO AFIADO, COMO UM LÁPIS, FAÇA DOIS FUROS NA LATERAL DA GARRAFA.

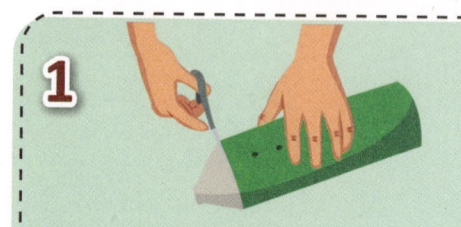

2 CUBRA O INTERIOR DA PARTE SUPERIOR DA GARRAFA COM PAPEL ALUMÍNIO DE MODO QUE O LADO BRILHOSO FIQUE PARA FORA. PRENDA O PAPEL ALUMÍNIO COM FITA ADESIVA.

3 PEGUE DOIS PEDAÇOS DE FIO ELÉTRICO E PRENDA-OS FIRMEMENTE AO SOQUETE DE LÂMPADA. PEÇA AJUDA DE UM ADULTO SE NECESSÁRIO.

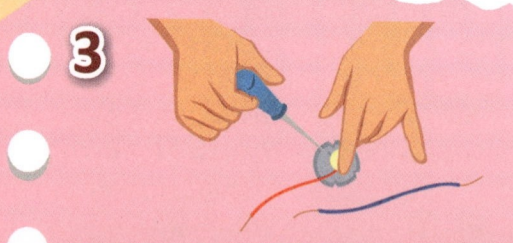

4 AGORA PEGUE AS PILHAS E JUNTE-AS COM FITA ADESIVA PARA QUE A PONTA DE UMA BATERIA SE ENCOSTE NA BASE DA OUTRA. DEPOIS PRENDA O TERCEIRO PEDAÇO DE FIO ELÉTRICO À PILHA DE BAIXO USANDO FITA.

5 USANDO A FITA, PRENDA UM DOS FIOS DO SOQUETE DE LÂMPADA NO TERMINAL DA PILHA DE CIMA.

6 PASSE O FIO DA BATERIA DE BAIXO PELO FURO INFERIOR NA GARRAFA. COLOQUE ALGODÃO DENTRO DA GARRAFA E INSIRA AS PILHAS.

7 AGORA PASSE O FIO DO SOQUETE DE LÂMPADA PELO FURO SUPERIOR NA GARRAFA. PRENDA OS DOIS FIOS NO PRENDEDOR DE PAPEL E EMPURRE-OS PARA DENTRO.

8 COLOQUE O SOQUETE DE LÂMPADA NAS PILHAS DENTRO DA GARRAFA. DEPOIS PRENDA O CENTRO DO TOPO DA GARRAFA POR CIMA DA LÂMPADA USANDO FITA.

9 PRENDA UM CLIPE DE PAPEL SOB O PRENDEDOR DE PAPEL INFERIOR. ISSO ATUARÁ COMO UM INTERRUPTOR PARA A LANTERNA.

10 PRENDA A OUTRA PONTA DO CLIPE DE PAPEL NO PRENDEDOR DE PAPEL SUPERIOR. A LANTERNA LIGA E ILUMINA.

O STEM POR TRÁS DISSO

O CLIPE DE PAPEL ATUA COMO INTERRUPTOR PARA A LANTERNA. QUANDO PRENDEMOS A OUTRA PONTA DO CLIPE DE PAPEL NO PRENDEDOR DE CIMA, O INTERRUPTOR É EMPURRADO PARA A POSIÇÃO DE LIGADO. ELE FAZ CONTATO COM OS FIOS CONECTADOS ÀS PILHAS. INICIA-SE UM FLUXO DE ELETRICIDADE QUE ATIVA A LÂMPADA NO RECIPIENTE E ELA COMEÇA A BRILHAR.

O FLUXO DE ELETRICIDADE ENERGIZADO PELAS PILHAS ACENDE A LANTERNA.

36
FAÇA UMA CÂMERA ESCURA

RELAÇÃO COM A VIDA: FORMAÇÃO DA IMAGEM NA VIDA REAL

NÍVEL DE DIFICULDADE

REQUER PRECISÃO NA CONSTRUÇÃO E O USO DE OBJETOS CORTANTES.

VOCÊ VAI PRECISAR DE:
- ROLO DE PAPEL TOALHA
- PAPEL DE SEDA
- PAPEL ALUMÍNIO
- FITA ADESIVA E FITA ISOLANTE
- PAPEL DE SEDA DECORADO
- TESOURA OU ESTILETE
- TACHINHA

1 CORTE 5 CM DE UM ROLO DE PAPEL TOALHA USANDO ESTILETE OU TESOURA COMO MOSTRADO.

2 CUBRA UMA PONTA DO ROLO COM PAPEL DE SEDA. PRENDA AS EXTREMIDADES DO ROLO USANDO FITA ADESIVA.

3 AGORA RECOLOQUE O PEDAÇO DE ROLO QUE FOI RECORTADO NA PONTA DO ROLO COM O PAPEL DE SEDA.

4 EMBRULHE PAPEL ALUMÍNIO AO REDOR DA PONTA DO ROLO PRÓXIMA DA PARTE DO PAPEL DE SEDA E FIXE-O CUIDADOSAMENTE USANDO FITA ADESIVA. CERTIFIQUE-SE DE QUE O LADO MAIS BRILHANTE DO ALUMÍNIO FIQUE VOLTADO PARA BAIXO.

5 FAÇA UM FURINHO NO CENTRO O ALUMÍNIO USANDO UMA TACHINHA.

6 EM SEGUIDA, CUBRA O ROLO COM PAPEL DECORADO. A SUA CÂMERA ESCURA ESTÁ PRONTA.

7 SAIA PARA OLHAR UMA ÁRVORE ATRAVÉS DA CÂMERA ESCURA. MANTENHA O LADO COM O FURINHO LONGE DE VOCÊ. VOCÊ VERÁ DENTRO DA CÂMERA UMA IMAGEM DE CABEÇA PARA BAIXO DA ÁRVORE.

O STEM POR TRÁS DISSO

UMA CÂMERA ESCURA FUNCIONA DE ACORDO COM A PROPAGAÇÃO RETILÍNEA DA LUZ, QUE SIGNIFICA QUE A LUZ TRAFEGA EM LINHA RETA.

UM RAIO DE LUZ DO TOPO DA ÁRVORE INCIDE EM UM PONTO DO PAPEL DE SEDA APÓS PASSAR PELO FURINHO. UM RAIO DO PÉ DA ÁRVORE INCIDE EM OUTRO PONTO DO PAPEL. DE MANEIRA SEMELHANTE OS RAIOS DA ÁRVORE INCIDEM EM DIFERENTES PONTOS DO PAPEL DE SEDA APÓS PASSAREM PELO BURACO. ESSES PONTOS DE LUZ JUNTOS FORMAM UMA IMAGEM DA ÁRVORE, QUE ESTÁ DE CABEÇA PARA BAIXO, DENTRO DA CÂMERA. QUALQUER OBJETO QUE VOCÊ OLHAR DESTA MANEIRA APARECERÁ INVERTIDO.

37
SOMBRAS COLORIDAS

RELAÇÃO COM A VIDA: RECEPTORES DE LUZ

NÍVEL DE DIFICULDADE

REQUER SUPERVISÃO DE UM ADULTO

VOCÊ VAI PRECISAR DE:
- LÂMPADAS VERMELHA, AZUL E VERDE
- CABO DE EXTENSÃO PARA LÂMPADAS
- UMA SUPERFÍCIE OU TELA BRANCA, COMO UMA PAREDE OU CARTAZ
- UM LÁPIS

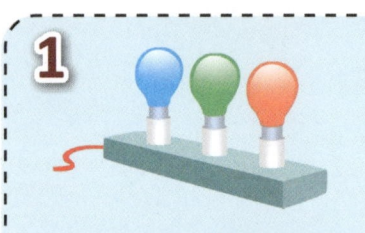

1 ARRUME AS LÂMPADAS NO CABO DE EXTENSÃO PARA QUE A LÂMPADA VERDE FIQUE ENTRE AS LÂMPADAS VERMELHA E A AZUL.

2 COLOQUE O CABO DE EXTENSÃO COM AS LÂMPADAS NA FRENTE DE UMA TELA BRANCA DE FORMA QUE A LUZ DE TODAS AS TRÊS LÂMPADAS INCIDA NA MESMA ÁREA DA TELA. ESCUREÇA O QUARTO O MÁXIMO QUE PUDER. ENTÃO LIGUE AS LÂMPADAS. AJUSTE O LUGAR DAS LÂMPADAS ATÉ QUE A LUZ NA TELA SEJA QUASE OU TOTALMENTE BRANCA.

3 COLOQUE UM LÁPIS PERTO DA TELA. VOCÊ OBSERVARÁ TRÊS SOMBRAS DO LÁPIS: AMARELA, MAGENTA E CIANO NA TELA.

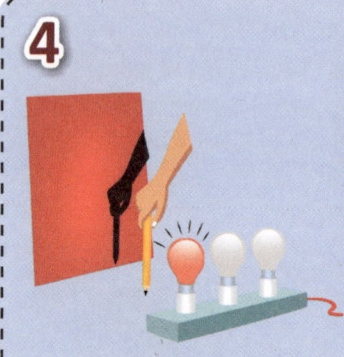

4 AGORA DESLIGUE AS LÂMPADAS VERDE E AZUL. COLOQUE O LÁPIS PERTO DA TELA NOVAMENTE. DESTA VEZ VOCÊ VERÁ UMA SOMBRA ESCURA.

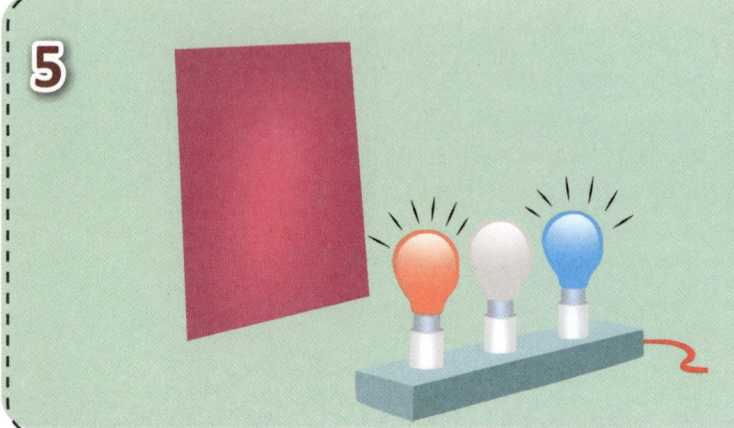

5 DESLIGUE SÓ A LÂMPADA VERDE DESTA VEZ. QUANDO AS LÂMPADAS VERMELHA E AZUL BRILHAM, A LUZ SE ESPALHA E VEMOS UMA COR MAGENTA NA TELA.

6

COLOQUE O LÁPIS PERTO DA TELA NOVAMENTE. DESTA VEZ VOCÊ PODE VER UMA SOMBRA VERMELHA E UMA AZUL DO LÁPIS NA TELA.

7

REPITA AS ETAPAS 5 E 6 COM OUTRA LÂMPADA DESLIGADA ENQUANTO AS DEMAIS PERMANECEM LIGADAS E OBSERVE O QUE ACONTECE.

O STEM POR TRÁS DISSO

QUANDO TODAS AS TRÊS LÂMPADAS BRILHAM JUNTAS, A TELA PARECE BRANCA PORQUE ESSAS TRÊS LUZES COLORIDAS ESTIMULAM TODOS OS TRÊS TIPOS DE CONES EM SEUS OLHOS QUASE IGUALMENTE, MISTURANDO OS SINAIS QUE ENVIAM, E NÓS ENXERGAMOS BRANCO. CONSEGUIMOS VER SOMBRAS DE CORES DIFERENTES AO BLOQUEAR COMBINAÇÕES DIFERENTES DE LUZ.

SE DESLIGARMOS A LUZ VERDE, DEIXANDO LIGADAS SÓ AS LUZES AZUL E VERMELHA, A TELA PARECERÁ MAGENTA.
QUANDO SEGURAMOS UM LÁPIS NA FRENTE DA TELA, O LÁPIS BLOQUEIA A LUZ VINDO DA LÂMPADA VERMELHA EM UM LUGAR, DEIXANDO A SOMBRA AZUL; NA OUTRA LOCALIZAÇÃO ELE BLOQUEIA A LUZ VINDO DA LÂMPADA AZUL, DEIXANDO A SOMBRA VERMELHA.

38
VAMOS FAZER UM CALEIDOSCÓPIO

RELAÇÃO COM A VIDA: REFLEXÃO DE LUZ

NÍVEL DE DIFICULDADE

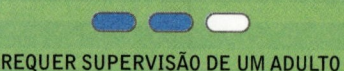

REQUER SUPERVISÃO DE UM ADULTO

VOCÊ VAI PRECISAR DE:

- PLÁSTICO PARA ENCADERNAÇÃO TRANSPARENTE
- UM ROLO DE PAPEL TOALHA
- UM LÁPIS
- TESOURA
- FITA TRANSPARENTE
- FILME PLÁSTICO
- OBJETOS TRANSPARENTES COMO MIÇANGAS E LANTEJOULAS
- PAPEL DE SEDA
- PAPEL DE PRESENTE
- CARTOLINA PRETA
- FITA ADESIVA
- PAPEL DE SEDA
- PAPEL ALUMÍNIO

1 CORTE UM RETÂNGULO DE 20 X 10 CM USANDO PLÁSTICO PARA ENCADERNAÇÃO TRANSPARENTE.

2 DESENHE TRÊS LINHAS HORIZONTAIS NO RETÂNGULO E DIVIDA-O EM QUATRO PARTES PARA QUE AS PRIMEIRAS TRÊS PARTES TENHAM CERCA DE 3 CM DE LARGURA E A ÚLTIMA PARTE TENHA CERCA DE 1 CM DE LARGURA.

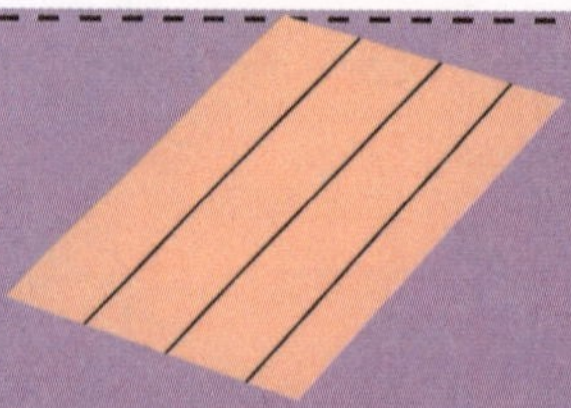

3 DOBRE A CAPA PLÁSTICA AO LONGO DAS LINHAS PARA MOLDAR UM FORMATO TRIANGULAR DE MODO QUE A FAIXA DE 1 CM FIQUE PARA FORA E ATUE COMO UMA ABA.

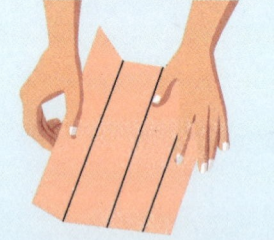

4 USANDO UMA FITA TRANSPARENTE, PRENDA A FAIXA AO LONGO DA BORDA DO TRIÂNGULO.

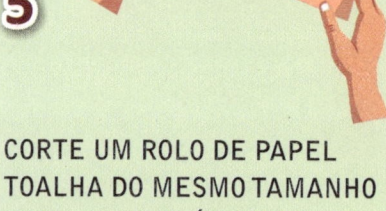

5 CORTE UM ROLO DE PAPEL TOALHA DO MESMO TAMANHO QUE A CAPA PLÁSTICA TRIANGULAR (CERCA DE 20 CM). AGORA INSIRA O TRIÂNGULO DE PLÁSTICO NO ROLO DE PAPEL TOALHA.

6 EM SEGUIDA, FAÇA UM CÍRCULO CARTOLINA PRETA. O CÍRCULO DEVE SER LEVEMENTE MAIOR DO QUE O DIÂMETRO DO ROLO. ENTÃO FAÇA UM FURO NO CENTRO DO CÍRCULO. CERTIFIQUE-SE DE QUE O CÍRCULO SEJA GRANDE O BASTANTE PARA VOCÊ ENXERGAR POR ELE.

7 VIRE O ROLO DE PAPEL TOALHA E COLE O CÍRCULO POR CIMA DE UMA DAS PONTAS.

8. CORTE UM QUADRADO DE 10 CM DO FILME PLÁSTICO. COLOQUE-O POR CIMA DA OUTRA PONTA DO ROLO DE PAPEL TOALHA. ENFIE O PEDAÇO DE FILME PLÁSTICO PARA DENTRO DO TRIÂNGULO DE PLÁSTICO COM OS DEDOS DE MODO QUE ELE FORME UMA PEQUENA BOLSA.

9. ENCHA A BOLSA COM MIÇANGAS E LANTEJOULAS. DEPOIS COLOQUE UM PEDAÇO QUADRADO DE 10 CM DE PAPEL DE SEDA POR CIMA DA BOLSA E AO REDOR DA PONTA DO ROLO DE PAPEL TOALHA. FIXE-O USANDO FITA ADESIVA.

10. EM SEGUIDA, ENFEITE O SEU CALEIDOSCÓPIO USANDO PAPEL DE PRESENTE. MANTENHA O CALEIDOSCÓPIO EM UM OLHO, SEGURANDO-O PARA CIMA E VOLTADO PARA A LUZ, E OLHE POR ELE. VOCÊ VERÁ UM BELO PADRÃO DENTRO DO CALEIDOSCÓPIO. GIRE OU INCLINE O TUBO NOVAMENTE PARA VER MAIS IMAGENS SIMÉTRICAS.

O STEM POR TRÁS DISSO

PODEMOS VER PADRÕES DENTRO DE UM CALEIDOSCÓPIO DEVIDO À REFLEXÃO DE LUZ. A LUZ VIAJA EM LINHA RETA. QUANDO A LUZ INCIDE SOBRE UMA SUPERFÍCIE BRILHANTE ELA QUICA DE VOLTA NA DIREÇÃO DE ONDE VEIO. ISSO SE CHAMA REFLEXÃO.

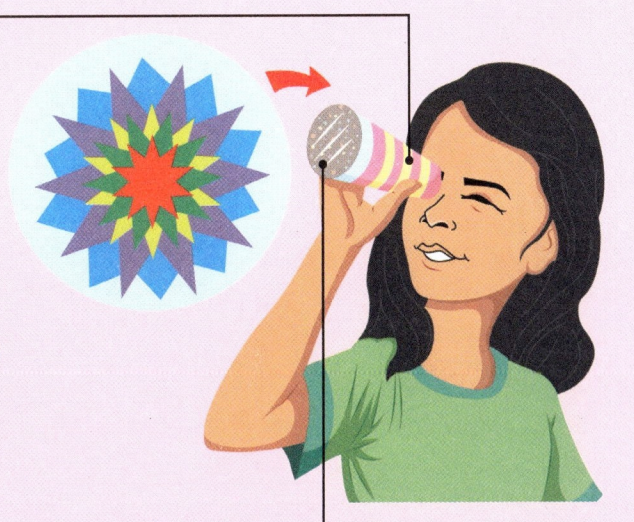

QUANDO APONTAMOS O CALEIDOSCÓPIO EM DIREÇÃO À LUZ, A LUZ ENTRA NO CALEIDOSCÓPIO. ENTÃO ELA É REFLETIDA POR OBJETOS BRILHANTES – MIÇANGAS E LANTEJOULAS DENTRO DO CALEIDOSCÓPIO CRIAM PADRÕES PITORESCOS MAGNÍFICOS.

39
MOEDA MÁGICA

RELAÇÃO COM A VIDA: ILUSÕES CAUSADAS PELA REFRAÇÃO DE LUZ

NÍVEL DE DIFICULDADE

VOCÊ VAI PRECISAR DE:
- UMA MOEDA
- ÁGUA
- UM COPO TRANSPARENTE
- UM PIRES

1 COLOQUE A MOEDA NUMA SUPERFÍCIE PLANA COMO UMA MESA OU ESCRIVANINHA.

2 COLOQUE O FUNDO DE UM COPO TRANSPARENTE POR CIMA DA MOEDA.

3 CUBRA A BOCA DO COPO COM UM PIRES. OBSERVE A MOEDA PELA LATERAL DO COPO. VOCÊ AINDA PODE VER A MOEDA NELE.

4 AGORA RETIRE O PIRES DA BOCA DO COPO E DESPEJE ÁGUA DENTRO DO COPO.

5 ASSIM QUE O COPO ESTIVER CHEIO, CUBRA-O COM O PIRES. OLHE PELA LATERAL DO COPO NOVAMENTE. VOCÊ AINDA CONSEGUE ENXERGAR A MOEDA?

6 RETIRE O PIRES DO COPO E OLHE DENTRO DO COPO A PARTIR DO ALTO. A MOEDA MÁGICA ESTÁ BEM ALI!

O STEM POR TRÁS DISSO

A MOEDA PARECE DESAPARECER POR CAUSA DA REFRAÇÃO DA LUZ. OS RAIOS DE LUZ VIAJAM ATRAVÉS DO VIDRO E CHEGAM AOS NOSSOS OLHOS QUANDO O COPO ESTÁ VAZIO. POR ISSO PODEMOS VER A MOEDA.

QUANDO O COPO ESTÁ CHEIO DE ÁGUA, OS RAIOS DE LUZ VIAJAM PELA ÁGUA, SÃO REFRATADOS E NÃO CONSEGUEM CHEGAR AOS NOSSOS OLHOS. A IMAGEM DA MOEDA SE FORMA PERTO DO TOPO DO COPO DEVIDO À REFRAÇÃO DE LUZ. COMO O TOPO DO COPO ESTÁ COBERTO PELO PIRES, PARECE QUE A MOEDA DESAPARECEU.

EXPERIMENTOS COM SOM

O SOM É UMA FORMA DE ENERGIA. É PRODUZIDO QUANDO OBJETOS VIBRAM, ISTO É, SÃO SACUDIDOS PARA FRENTE E PARA TRÁS.

ESSAS VIBRAÇÕES TRANSITAM POR DIFERENTES MEIOS NA FORMA DE ONDAS. QUANDO AS ONDAS SONORAS CHEGAM AOS NOSSOS OUVIDOS, FAZEM OS TÍMPANOS VIBRAREM TAMBÉM, POR ESSA RAZÃO OUVIMOS O SOM.

O SOM NÃO CONSEGUE TRANSITAR NO VÁCUO. ELE PRECISA DE UM MEIO COMO O AR, A ÁGUA OU UM OBJETO SÓLIDO ATRAVÉS DO QUAL POSSA TRANSITAR. A ALTURA DO SOM É DETERMINADA PELAS SUAS ONDAS. QUANTO MAIORES AS ONDAS, MAIS ALTO É O SOM.

O TOM DO SOM É DETERMINADO PELAS VIBRAÇÕES. QUANDO OBJETOS VIBRAM DEPRESSA, ELES CRIAM UM SOM AGUDO. QUANDO OBJETOS VIBRAM LENTAMENTE, PRODUZEM-SE SONS GRAVES.

67

40
TUBO CANTANTE
RELAÇÃO COM A VIDA: ONDAS SONORAS

NÍVEL DE DIFICULDADE

USO DE UMA TOCHA DE PROPANO PARA AQUECER O TUBO DE METAL, O QUE DEMANDA SUPERVISÃO DE UM ADULTO.

VOCÊ VAI PRECISAR DE:
- UM PEDAÇO DE TELA DE ARAME GROSSO
- UM TUBO METÁLICO COMPRIDO E OCO
- TOCHA DE PROPANO
- UM BASTÃO

1 DOBRE CUIDADOSAMENTE O PEDAÇO DE TELA DE ARAME GROSSO NO FORMATO DE UMA TIGELA. FAÇA ISSO DE FORMA QUE ELE CAIBA NO TUBO DE METAL. PARA ISSO ELE PRECISA TER UM DIÂMETRO LIGEIRAMENTE MAIOR DO QUE O DIÂMETRO INTERNO DO TUBO DE METAL.

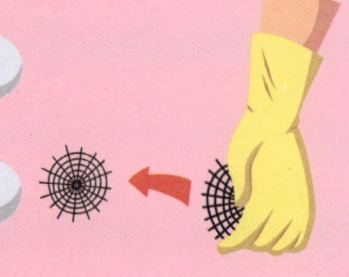

2 USANDO UM BASTÃO, INSIRA A TELA NUMA PONTA DO TUBO. ELE DEVE FICAR A CERCA DE 10 CM A PARTIR DA PONTA DO TUBO.

3 ACENDA A TOCHA DE PROPANO. COM A AJUDA DE UM ADULTO, POSICIONE O TUBO DE METAL POR CIMA DA TOCHA DE PROPANO PARA AQUECER DIRETAMENTE A TELA DE ARAME NO INTERIOR DO TUBO. AQUEÇA-A POR CERCA DE 10 A 20 SEGUNDOS.

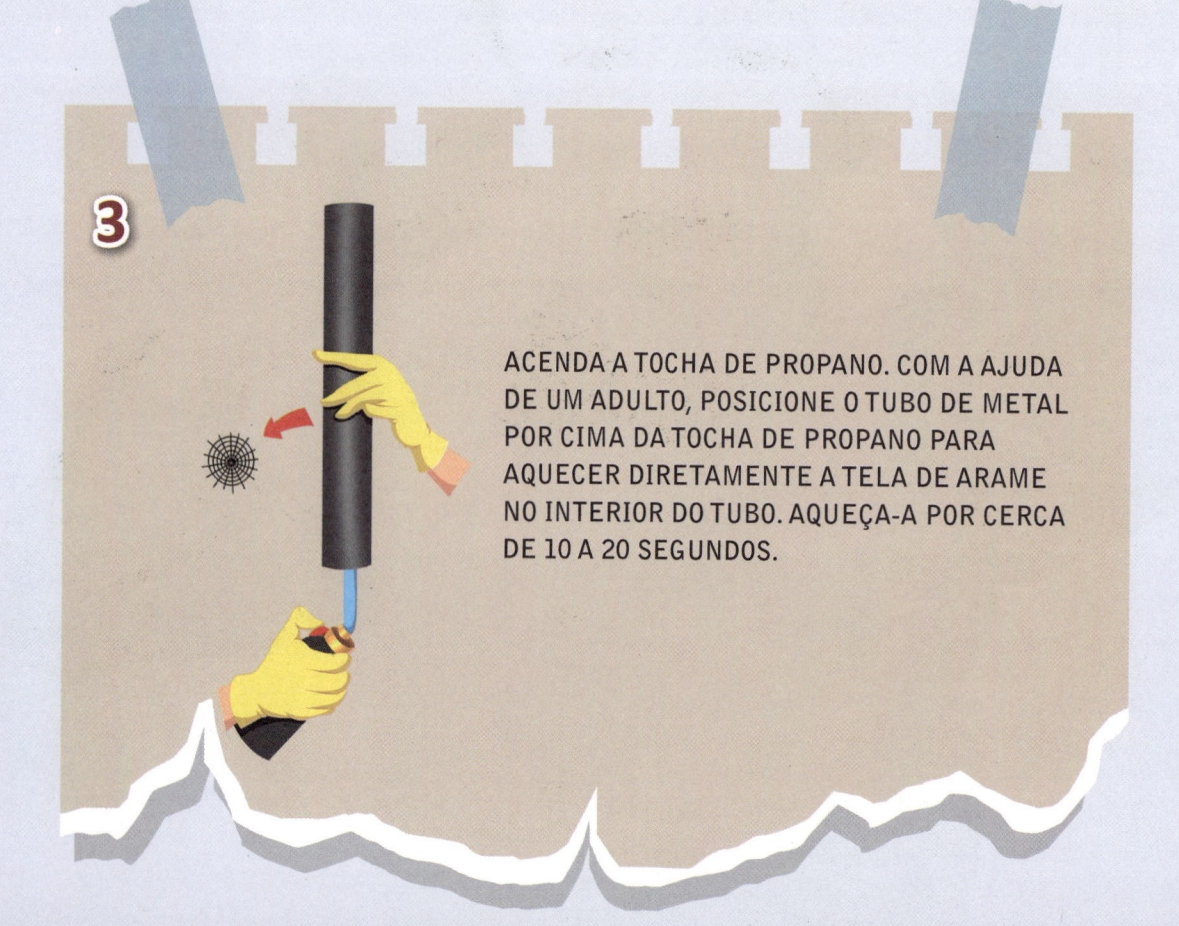

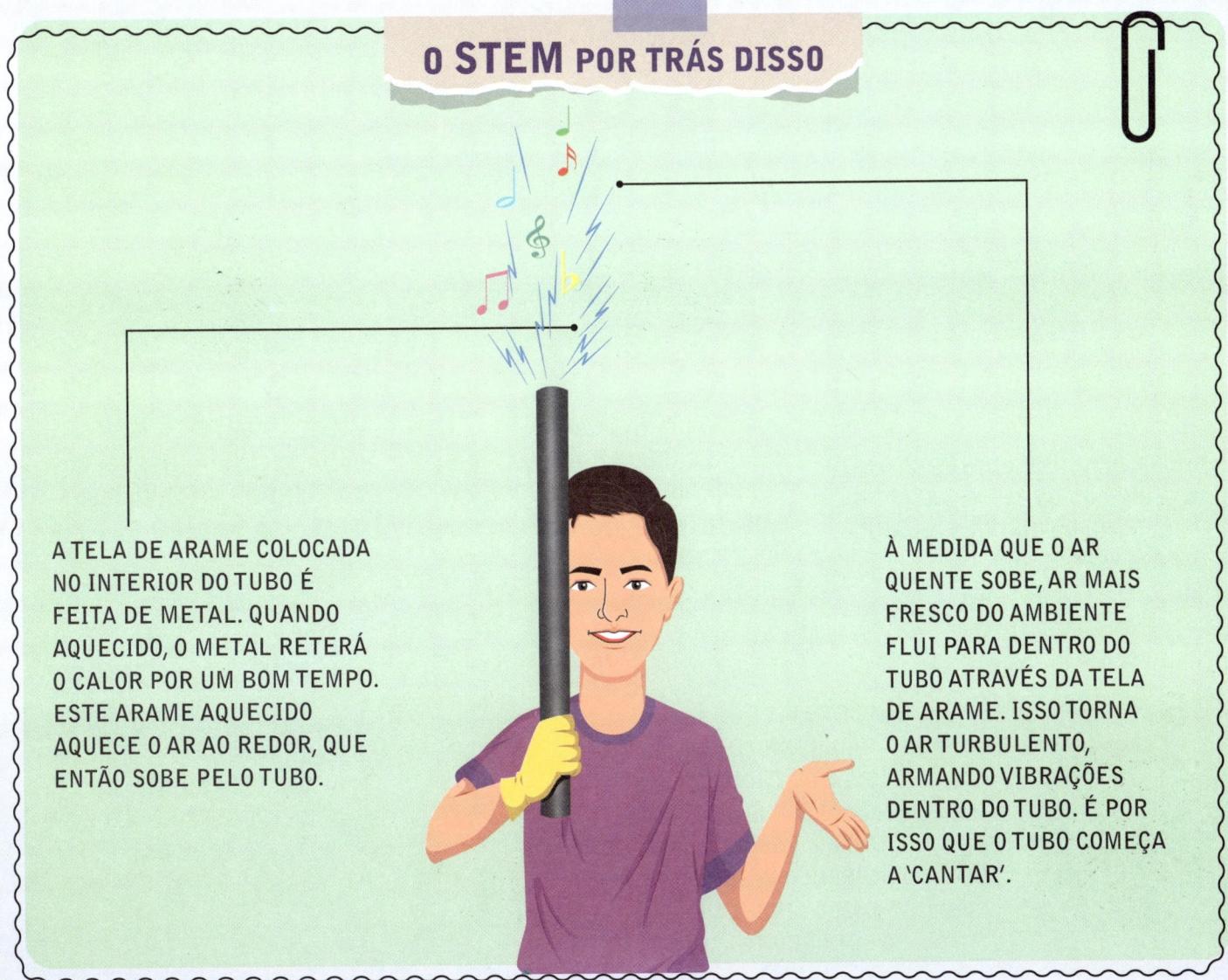

4 REMOVA O TUBO DA TOCHA DE PROPANO E SEGURE-O VERTICALMENTE POR ALGUM TEMPO. UM SOM ALTO COMEÇARÁ A ECOAR DO TUBO.

O STEM POR TRÁS DISSO

A TELA DE ARAME COLOCADA NO INTERIOR DO TUBO É FEITA DE METAL. QUANDO AQUECIDO, O METAL RETERÁ O CALOR POR UM BOM TEMPO. ESTE ARAME AQUECIDO AQUECE O AR AO REDOR, QUE ENTÃO SOBE PELO TUBO.

À MEDIDA QUE O AR QUENTE SOBE, AR MAIS FRESCO DO AMBIENTE FLUI PARA DENTRO DO TUBO ATRAVÉS DA TELA DE ARAME. ISSO TORNA O AR TURBULENTO, ARMANDO VIBRAÇÕES DENTRO DO TUBO. É POR ISSO QUE O TUBO COMEÇA A 'CANTAR'.

41
CONSTRUA UMA SIRENE DE DISCO

RELAÇÃO COM A VIDA: COMPREENDENDO COMO AS SIRENES FUNCIONAM

NÍVEL DE DIFICULDADE

REQUER SUPERVISÃO DE UM ADULTO

VOCÊ VAI PRECISAR DE:

- UM TRANSFERIDOR
- TESOURA OU UM ABRIDOR DE ENVELOPE
- UM COMPASSO
- UM LÁPIS
- UM PEDAÇO DE CARTOLINA GROSSA
- CLIPE DE PAPEL
- PAPEL TOALHA
- VAZADOR REDONDO OU ALICATE PERFURADOR
- FITA DE ESPUMA ADESIVA DUPLA FACE
- UM VENTILADOR PORTÁTIL (*PARA BEBÊS*) COM LÂMINAS DE ESPUMA MACIAS E SEGURAS OPERADA POR BATERIA
- UM CANUDO

1 DESENHE UM CÍRCULO DE 8 CM USANDO UM COMPASSO SOBRE UMA CARTOLINA. DESENHE DOIS CÍRCULOS MENORES COM 6 E 7 CM DE RAIO DENTRO DO MESMO CÍRCULO.

2 COM A AJUDA DE UM ADULTO, RECORTE RENTE AO CÍRCULO MAIS EXTERNO USANDO TESOURA OU UM ESTILETE.

3 AGORA DESENHE LINHAS COM INTERVALOS DE 15° A PARTIR DO CENTRO DO CÍRCULO USANDO UM TRANSFERIDOR.

4 USANDO UM VAZADOR REDONDO (OU ALICATE PERFURADOR), FAÇA FUROS EM CADA INTERSEÇÃO DAS LINHAS NO CÍRCULO DE 7 CM.

5 EM SEGUIDA, FAÇA FUROS A CADA SEGUNDA INTERSEÇÃO DAS LINHAS NO CÍRCULO DE 6 CM.

6 CORTE UM PEDACINHO DE FITA DE ESPUMA E GRUDE-O NO CENTRO DE UM LADO DO CÍRCULO. O SEU DISCO CIRCULAR ESTÁ PRONTO.

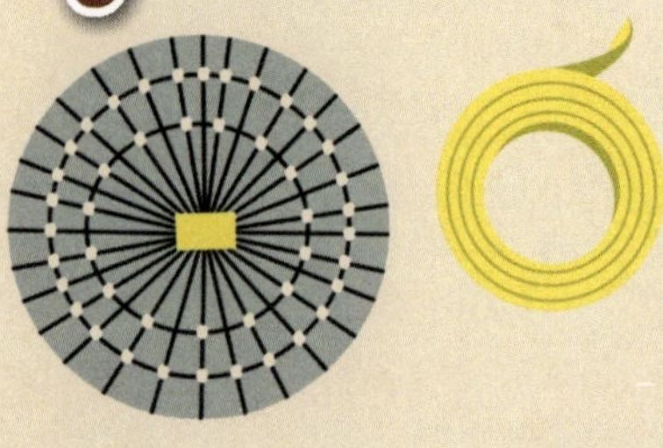

7 FAÇA UM FURINHO NO CENTRO DO CÍRCULO E DA FITA DE ESPUMA.

8 COM A AJUDA DE UM ADULTO, MONTE O DISCO CIRCULAR NAS LÂMINAS DO VENTILADOR. VOCÊ PODE REMOVER AS LÂMINAS, PRENDER O DISCO NO VENTILADOR E RECOLOCAR AS LÂMINAS ASSIM QUE O DISCO ESTIVER PRESO.

9 PEÇA A UM ADULTO PARA LIGAR O VENTILADOR. APONTE UM CANUDO PARA O ANEL EXTERNO DOS FUROS E ASSOPRE NELE. VOCÊ CONSEGUE ESCUTAR O TOM DO SOM PRODUZIDO?

10 AGORA MOVA O CANUDO PARA OS ANÉIS INTERNOS DOS FUROS E ASSOPRE NELES. HÁ UMA MUDANÇA NO TOM DO SOM?

O STEM POR TRÁS DISSO

QUANDO ASSOPRAMOS AR PELO CANUDO NOS ANÉIS DO DISCO, O FLUXO DE AR É ALTERNATIVAMENTE INTERROMPIDO E CONSEGUE PASSAR CONFORME O DISCO GIRA.

ESTA FLUTUAÇÃO NA PRESSÃO DO AR PRODUZ UMA SEQUÊNCIA DE ONDAS DE PRESSÃO QUE PERCEBEMOS COMO SOM.

O NÚMERO DE FUROS NO DISCO E SUA VELOCIDADE DE ROTAÇÃO IMPACTAM NO SOM PRODUZIDO. QUANTO MAIOR O NÚMERO DE FUROS NO DISCO E MAIOR SUA VELOCIDADE, MAIS AGUDO O SOM.

42
SENTINDO O SOM
RELAÇÃO COM A VIDA: DISTÂNCIA E SOM

NÍVEL DE DIFICULDADE

VOCÊ VAI PRECISAR DE:
- UM BALÃO
- UM ALTO-FALANTE

1. ENCHA UM BALÃO COM AR. AMARRE A PONTA QUANDO ELE ESTIVER CHEIO.

2. SEGURE O BALÃO NA FRENTE DO ROSTO COM AS DUAS MÃOS E DIGA ALGO EM VOLUME MEDIANO. VOCÊ DEVE SENTIR O BALÃO VIBRAR. AGORA TENTE AUMENTAR E DIMINUIR A SUA VOZ. EXISTE ALGUMA MUDANÇA NAS VIBRAÇÕES DO BALÃO?

3. AGORA TOQUE UMA MÚSICA NO SEU ALTO-FALANTE. SEGURE O BALÃO PERTO DO ALTO-FALANTE. OBSERVE A INTENSIDADE DAS VIBRAÇÕES NO BALÃO. AUMENTE OU DIMINUA O VOLUME DO ALTO-FALANTE. VOCÊ PERCEBERÁ QUE A INTENSIDADE DAS VIBRAÇÕES NO BALÃO MUDAM TAMBÉM.

4. EM SEGUIDA, COLOQUE O BALÃO UM POUCO AFASTADO DO ALTO-FALANTE. COLOQUE A MÃO NO BALÃO. VOCÊ AINDA SENTE AS VIBRAÇÕES NO BALÃO?

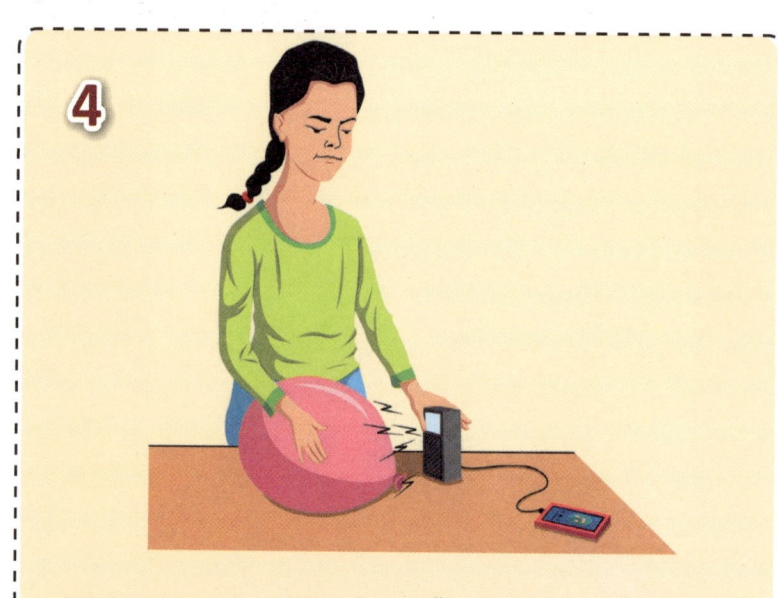

5 POR FIM, COLOQUE O BALÃO LONGE DO ALTO-FALANTE. AS VIBRAÇÕES SÃO AS MESMAS OBSERVADAS QUANDO O BALÃO ESTAVA PERTO DO ALTO-FALANTE?

O STEM POR TRÁS DISSO

QUANDO SEGURAMOS O BALÃO PERTO DO ALTO-FALANTE, O SOM ATINGE O BALÃO E ELE VIBRA.

QUANDO SEGURAMOS O BALÃO LONGE DO ALTO--FALANTE, O SOM DO ALTO-FALANTE FAZ O AR AO REDOR VIBRAR. AS VIBRAÇÕES SE ESPALHAM PELO AR, ATINGEM O BALÃO E ELE VIBRA.

QUANDO AUMENTAMOS A DISTÂNCIA ENTRE O ALTO--FALANTE E O BALÃO, AS ONDAS DE SOM SE ESPALHAM POR UMA ÁREA MAIOR, POR ISSO A INTENSIDADE DAS VIBRAÇÕES DIMINUI. DESTE MODO SENTIMOS POUCA OU NENHUMA VIBRAÇÃO NO BALÃO.

43
FAÇA VOCÊ MESMO UM VIVA-VOZ

RELAÇÃO COM A VIDA: COMO O FORMATO DE UMA LATA MÉDIA AMPLIFICA O SOM

NÍVEL DE DIFICULDADE

REQUER SUPERVISÃO DE UM ADULTO

VOCÊ VAI PRECISAR DE:
- DOIS COPOS PLÁSTICOS MÉDIOS
- UM TUBO DE PAPEL *KRAFT*
- UM CELULAR OU QUALQUER OUTRO DISPOSITIVO PARA TOCAR MÚSICA
- UMA FACA
- UM MARCADOR
- TINTA ACRÍLICA OU PAPEL DE PRESENTE *(PAPEL DE EMBRULHO)*
- COLA QUENTE

1 MEÇA A LARGURA E A PROFUNDIDADE DO CELULAR QUE VOCÊ VAI USAR PARA O EXPERIMENTO. FAÇA UMA FENDA NO TUBO DE PAPEL *KRAFT* COM AS MESMAS DIMENSÕES.

2 ENFEITE O SEU TUBO DE PAPEL *KRAFT* E OS COPOS PLÁSTICOS COM BELOS PADRÕES COM TINTAS ACRÍLICAS OU PAPEL DE PRESENTE.

3 AGORA SEGURE O TUBO DE PAPEL *KRAFT* EM UM LADO DO COPO PLÁSTICO PERTO DA BASE. FAÇA O TRAÇADO DO CONTORNO DO TUBO NO COPO. COM A AJUDA DE UM ADULTO, RECORTE O FURO COM UM ESTILETE. FAÇA ISSO COM O SEGUNDO COPO TAMBÉM.

4 INSIRA O TUBO DE PAPEL *KRAFT* CUIDADOSAMENTE NOS BURACOS DOS COPOS COMO MOSTRADO. USE COLA QUENTE PARA PRENDER O TUBO NO LUGAR.

5 POR FIM, COLOQUE O CELULAR NA FENDA DO TUBO DE PAPEL *KRAFT*. TOQUE ALGUMAS MÚSICAS. VOCÊ PERCEBERÁ QUE A MÚSICA QUE SAI DOS COPOS É MAIS ALTA DO QUE A DO CELULAR.

O STEM POR TRÁS DISSO

O SOM QUE É DIRECIONADO PARA UM ÂNGULO MENOR SOA MAIS ALTO.

QUANDO COLOCAMOS O CELULAR DENTRO DA FENDA DO TUBO DE PAPEL KRAFT E TOCAMOS ALGUMAS MÚSICAS NELE, O SOM TRANSITA DENTRO DOS COPOS PLÁSTICOS. O FORMATO CÔNICO DOS COPOS DIRECIONA O SOM DE UMA ÁREA ESTREITA PARA UMA ÁREA MAIS AMPLA. ISSO PERMITE QUE MENOS SOM SE ESPALHE EM DIREÇÕES DIFERENTES, AMPLIFICANDO-O ASSIM MAIS DO QUE O ALTO-FALANTE DO TELEFONE.

44
VAMOS VER O SOM

RELAÇÃO COM A VIDA: COMO OUVIMOS O SOM?

NÍVEL DE DIFICULDADE

VOCÊ VAI PRECISAR DE:
- UMA TIGELA DE VIDRO
- FILME PLÁSTICO
- UM PUNHADO DE ARROZ CRU
- UM ELÁSTICO GROSSO DE BORRACHA
- UM ALTO-FALANTE *BLUETOOTH* PORTÁTIL
- UM TELEFONE OU DISPOSITIVO PARA CONECTAR AO ALTO-FALANTE

1 LIGUE O ALTO-FALANTE DO BLUETOOTH E CONECTE-O AO SEU TELEFONE. DEPOIS COLOQUE O ALTO-FALANTE EM UMA TIGELA DE VIDRO.

2 CUBRA A PARTE SUPERIOR DA TIGELA COM FILME PLÁSTICO. CERTIFIQUE-SE DE QUE O FILME PLÁSTICO CUBRA FIRMEMENTE A PARTE SUPERIOR. VOCÊ TAMBÉM PODE FIXÁ-LA PRENDENDO COM UM ELÁSTICO GROSSO AO REDOR DAS BORDAS DA TIGELA.

3 COLOQUE UM PUNHADO DE ARROZ CRU POR CIMA DO FILME PLÁSTICO.

4 AGORA TOQUE ALGUMA MÚSICA NO SEU TELEFONE OU DISPOSITIVO NUM VOLUME BAIXO. AOS POUCOS AUMENTE O VOLUME. VOCÊ VERÁ OS GRÃOS DE ARROZ SE MOVEREM PARA LÁ E PARA CÁ SOBRE O FILME PLÁSTICO. VOCÊ PODE CONTINUAR A AUMENTAR O VOLUME E OBSERVAR AS MUDANÇAS NO ARROZ A CADA VEZ.

O STEM POR TRÁS DISSO

QUANDO TOCAMOS MÚSICA NO ALTO-FALANTE, AS ONDAS SONORAS VIAJAM DO ALTO-FALANTE ATÉ O FILME PLÁSTICO, FAZENDO-O VIBRAR.

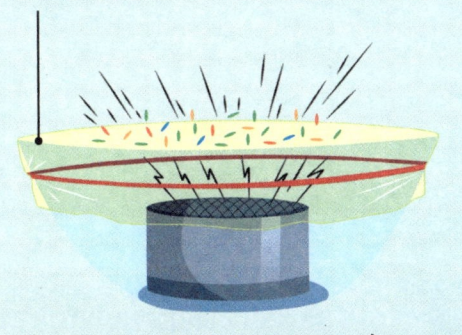

AUMENTAR O VOLUME ACRESCENTA ENERGIA ÀS ONDAS SONORAS, RESULTANDO EM MAIS VIBRAÇÕES. ESSAS VIBRAÇÕES SÃO GRANDES O BASTANTE PARA MOVER OS GRÃOS DE ARROZ CRU SOBRE O FILME PLÁSTICO.

EXPERIMENTOS COM ELETRICIDADE

A ELETRICIDADE É O FLUXO DE PARTÍCULAS CARREGADAS NEGATIVAMENTE (ISTO É, ELÉTRONS) DE UM LUGAR PARA OUTRO. ELA É DE DOIS TIPOS: ELETRICIDADE DINÂMICA E ELETRICIDADE ESTÁTICA. A ELETRICIDADE VAI DESDE ILUMINAR LARES ATÉ A COMUNICAÇÃO, É USADA DE DIFERENTES MANEIRAS EM NOSSAS VIDAS DIÁRIAS.

A ELETRICIDADE É GERADA A PARTIR DE FONTES DIFERENTES COMO CARVÃO, ÁGUA, ENERGIA SOLAR E GÁS NATURAL. ELA É PRODUZIDA EM USINAS DE ENERGIA EM QUE SE QUEIMA UM COMBUSTÍVEL PARA FERVER ÁGUA. O VAPOR PRODUZIDO É ENTÃO USADO PARA GIRAR TURBINAS. AS TURBINAS RODOPIANTES GIRAM GERADORES PARA PRODUZIR ELETRICIDADE.

77

45
FAÇA UM INTERRUPTOR SIMPLES

RELAÇÃO COM A VIDA: INTERRUPTORES ELÉTRICOS

NÍVEL DE DIFICULDADE

VOCÊ VAI PRECISAR DE:
- UM PEDACINHO DE PAPELÃO OU CARTOLINA
- DUAS TACHINHAS DE METAL
- UM CLIPE DE PAPEL METÁLICO GRANDE
- FIO ELÉTRICO CORTADO EM TRÊS PEDAÇOS
- UM SOQUETE PARA LÂMPADA
- UMA PILHA GRANDE (TAMANHO D)

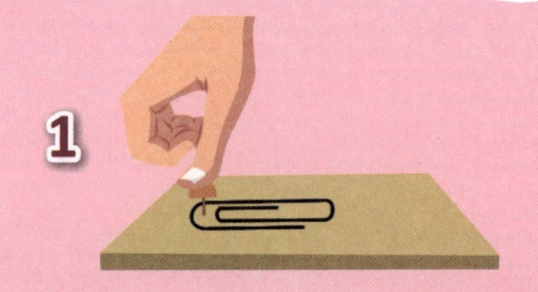

1 PEGUE O PEDAÇO DE PAPELÃO E COLOQUE O CLIPE DE PAPEL SOBRE ELE. EMPURRE UMA TACHINHA POR UMA PONTA DO CLIPE PARA PRENDÊ-LO AO PAPELÃO.

2 EMPURRE A OUTRA TACHINHA NO PAPELÃO DE MANEIRA QUE O CLIPE POSSA SER GIRADO PARA TOCAR AS DUAS TACHINHAS. ESTE É O SEU INTERRUPTOR.

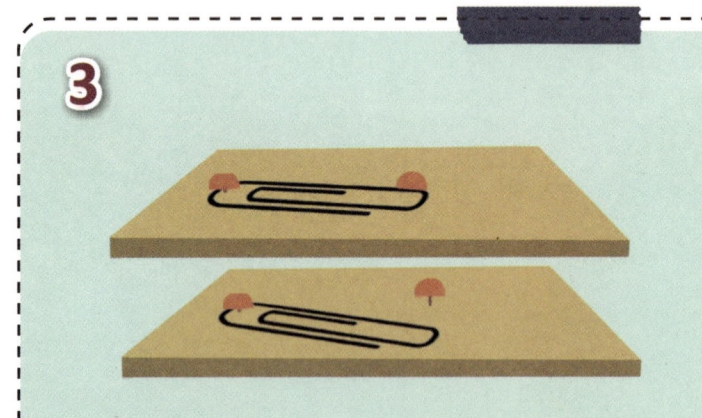

3 GIRE O CLIPE DE PAPEL DE MANEIRA QUE ELE TOQUE A OUTRA TACHINHA. O INTERRUPTOR AGORA ESTÁ FECHADO. EM SEGUIDA, AFASTE O CLIPE DE PAPEL DA TACHINHA, O INTERRUPTOR ESTÁ AGORA ABERTO.

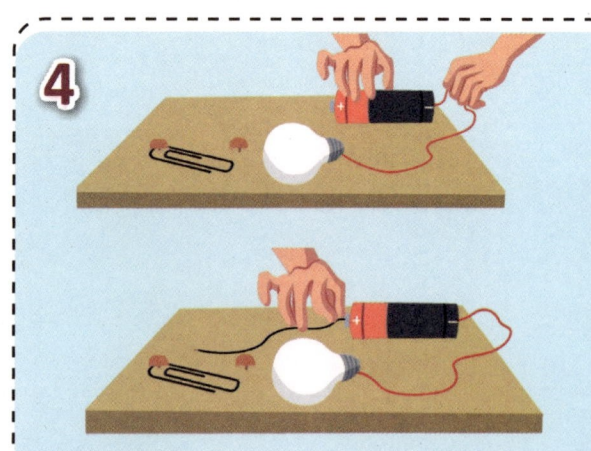

4 AGORA LIGUE UM PEDAÇO DE FIO ELÉTRICO DE UMA PONTA DE UMA PILHA A UMA LÂMPADA. PRENDA-O USANDO FITA. DE MODO SIMILAR, LIGUE O OUTRO PEDAÇO DE FIO ELÉTRICO À OUTRA PONTA DA PILHA.

5

EM SEGUIDA, CONECTE A OUTRA PONTA DO FIO NA PILHA A UM LADO DO INTERRUPTOR ENROLANDO-O NA TACHINHA.

6

LIGUE O ÚLTIMO FIO ENTRE O INTERRUPTOR E A LÂMPADA. FECHE O INTERRUPTOR TOCANDO O CLIPE DE PAPEL NA OUTRA TACHINHA. A LÂMPADA ACENDE!

O STEM POR TRÁS DISSO

PARA LIGAR A LÂMPADA PRECISAMOS DE UM CIRCUITO – UM PERCURSO CONTÍNUO PARA A ELETRICIDADE FLUIR.

OS FIOS ELÉTRICOS, A PILHA, A LÂMPADA E O INTERRUPTOR JUNTOS FORMAM UM CIRCUITO ELÉTRICO. UM INTERRUPTOR É SIMPLESMENTE UMA QUEBRA NO CIRCUITO.

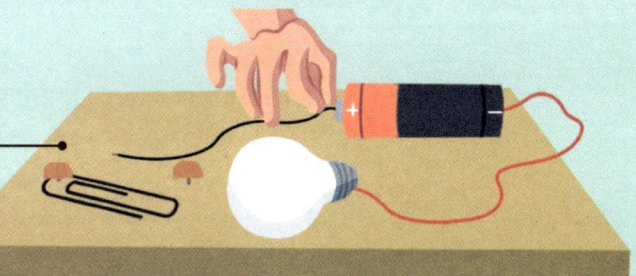

QUANDO O CLIPE DE PAPEL TOCA NAS DUAS TACHINHAS, O INTERRUPTOR SE FECHA (INDICANDO QUE O CIRCUITO ESTÁ COMPLETO) E O FLUXO DE ELETRICIDADE COMEÇA, ACENDENDO A LÂMPADA. QUANDO O CLIPE DE PAPEL É AFASTADO DA OUTRA TACHINHA, O INTERRUPTOR SE ABRE (INDICANDO QUE O CIRCUITO ESTÁ ROMPIDO), INTERROMPE O FLUXO DE ELETRICIDADE E A LÂMPADA DESLIGA.

46
CORAÇÃO DANÇANTE
RELAÇÃO COM A VIDA: FORÇA DE LORENTZ

NÍVEL DE DIFICULDADE

REQUER SUPERVISÃO DE UM ADULTO

VOCÊ VAI PRECISAR DE:
- UM CARRETEL DE FIO DE COBRE
- PILHA AA
- ALICATE OU CORTADOR DE FIO
- ÍMÃS REDONDOS DE NEODÍMIO DE 30 MM X 10 MM

1 USANDO O ALICATE, CORTE UM PEDAÇO DE FIO DE COBRE DE 25 CM DO CARRETEL.

2 MODELE-O EM FORMA DE CORAÇÃO. TENTE FAZÊ-LO O MAIS SIMÉTRICO POSSÍVEL.

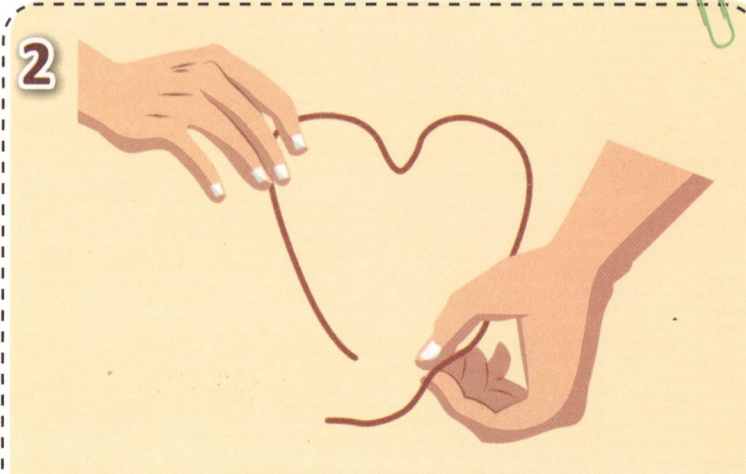

3 ENROLE A PONTA ABERTA DO CORAÇÃO NUMA PILHA AA UMA OU DUAS VEZES. ISSO É PARA CRIAR A BASE DO CORAÇÃO QUE VAI ENVOLVER OS ÍMÃS.

4 AGORA RETIRE CUIDADOSAMENTE DA PILHA O FIO ENROLADO E ALARGUE-O LEVEMENTE COM OS DEDOS.

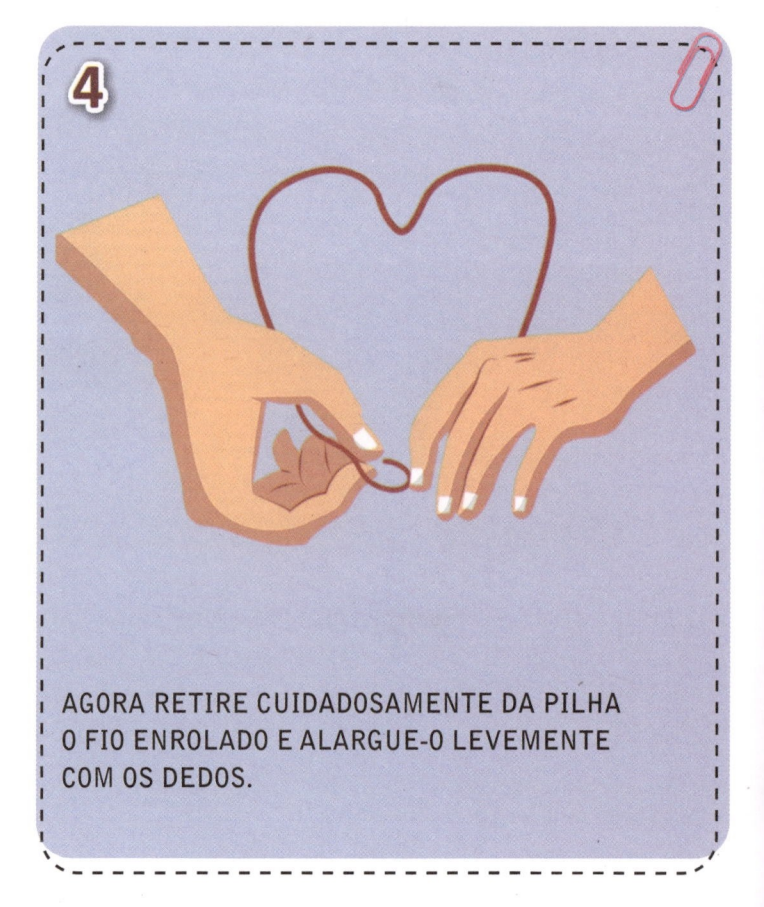

5

EM SEGUIDA, EMPILHE TRÊS ÍMÃS DE NEODÍMIO. COLOQUE A PILHA AA NA PILHA DE ÍMÃS. SEU LADO NEGATIVO DEVE ESTAR VOLTADO PARA OS ÍMÃS.

6

COLOQUE O MOLDE DE FIO EM FORMA DE CORAÇÃO NO ALTO DA PILHA PARA QUE ELE TOQUE SEU LADO POSITIVO. O ENROLADO CIRCULAR NA BASE DEVE CIRCUNDAR OS ÍMÃS.

7

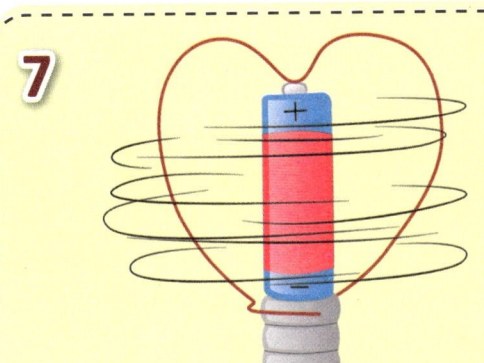

VOCÊ PERCEBERÁ QUE O FIO EM FORMA DE CORAÇÃO COMEÇA A GIRAR!

O STEM POR TRÁS DISSO

ESTE É O ELETROMAGNETISMO! ESTA FORÇA É GERADA QUANDO A ELETRICIDADE SE MOVE POR UM CAMPO MAGNÉTICO.

O FIO DE COBRE CONDUZ ELETRICIDADE DE UMA PONTA DA PILHA PARA A OUTRA.

QUANDO A ELETRICIDADE SE MOVE PELOS ÍMÃS NO LADO NEGATIVO DA PILHA, CRIA-SE UMA FORÇA ELETROMAGNÉTICA QUE FAZ O FIO EM FORMA DE CORAÇÃO GIRAR.

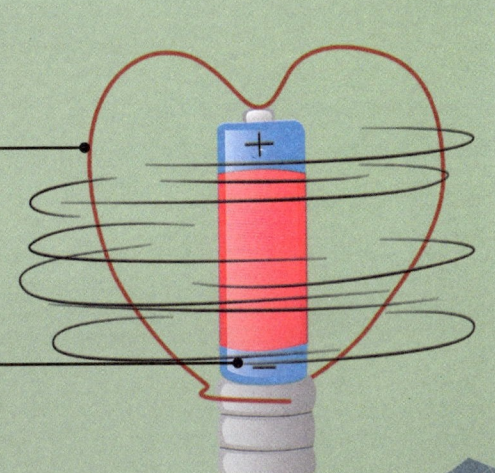

47
BATERIA DE LIMÃO
RELAÇÃO COM A VIDA: CÉLULA VOLTAICA

NÍVEL DE DIFICULDADE

ENVOLVE A CONSTRUÇÃO DE UM CIRCUITO ELÉTRICO, NECESSITANDO SUPERVISÃO.

VOCÊ VAI PRECISAR DE:
- TRÊS LIMÕES GRANDES
- TRÊS MOEDAS (DE 5 CENTAVOS POR SEREM DE AÇO REVESTIDO DE COBRE)
- TRÊS PREGOS ZINCADOS (OU SEJA, GALVANIZADOS COM ZINCO)
- QUATRO A CINCO GRAMPOS TIPO PINÇA CROCODILO
- UMA MINILÂMPADA DE LED
- UMA FACA

1 USANDO UMA FACA, CORTE UMA FENDA DO TAMANHO DE UMA MOEDA NOS TRÊS LIMÕES.

2 INSIRA UMA MOEDA NA FENDA DE CADA LIMÃO COMO MOSTRADO.

3 MARQUE UM PONTO OPOSTO À MOEDA EM UM DOS LIMÕES. ENFIE UM PREGO ZINCADO NESTE PONTO. CERTIFIQUE-SE DE QUE O PREGO E A MOEDA ESTEJAM COLOCADOS FIRMEMENTE NO LIMÃO. REPITA ISSO NOS OUTROS DOIS LIMÕES.

4  LIGUE UM PREGO DE UM LIMÃO A UMA MOEDA DE OUTRO LIMÃO USANDO UM PAR DE PINÇAS CROCODILO.

5 DE MODO SIMILAR, INTERLIGUE OS TRÊS LIMÕES. CERTIFIQUE-SE DE QUE CADA CONJUNTO DE PINÇAS CROCODILO LIGA UM PREGO A UMA MOEDA.

6

AGORA VOCÊ DEVE TER UMA MOEDA ABERTA E UM PREGO ABERTO. CONECTE UMA DAS PINÇAS CROCODILO À MOEDA ABERTA. EM SEGUIDA CONECTE A ÚLTIMA PINÇA CROCODILO AO ÚNICO PREGO ABERTO. DEVEM LHE RESTAR DUAS PINÇAS SEM USO DE DOIS CONJUNTOS DISTINTOS DE PINÇAS CROCODILO.

7

PRENDA AS DUAS PINÇAS SOLTAS NA LÂMPADA DE LED. A LÂMPADA É ENERGIZADA PELA ENERGIA ELÉTRICA E COMEÇA A BRILHAR!

O STEM POR TRÁS DISSO

A BATERIA DE LIMÃO É UM EXEMPLO DE PILHA VOLTAICA. ELA REQUER TRÊS COISAS: DOIS METAIS DIFERENTES QUE ATUEM COMO ELETRODOS E UMA SOLUÇÃO ÁCIDA (ELETROLÍTICA) QUE CONDUZA A ELETRICIDADE.

OS ELETRODOS METÁLICOS USADOS AQUI SÃO ZINCO (PREGO) E COBRE (MOEDA). O ÁCIDO CÍTRICO ATUA COMO ELETRÓLITO.

MONTAR OS GRAMPOS TIPO PINÇA CROCODILO COMPLETA O CIRCUITO. OS ELÉTRONS FLUEM DA MOEDA (COBRE) EM DIREÇÃO AO PREGO (ZINCO) ATRAVÉS DO ÁCIDO DENTRO DO LIMÃO, ACENDENDO A LÂMPADA DE LED.

48
DANÇA DOS FANTASMAS
RELAÇÃO COM A VIDA: ELETRICIDADE ESTÁTICA

NÍVEL DE DIFICULDADE

REQUER SUPERVISÃO DE UM ADULTO

VOCÊ VAI PRECISAR DE:
- UM PEDAÇO DE PAPELÃO
- CARTOLINA VERDE E PRETA
- LENÇO DE PAPEL BRANCO
- QUATRO A CINCO GRAMPOS TIPO PINÇA CROCODILO
- UM MARCADOR PRETO
- COLA
- TESOURA
- UM BALÃO
- UM PANO DE LÃ

1 USE CARTOLINA PRETA PARA DESENHAR UMA ÁRVORE FANTASMAGÓRICA, UM RETÂNGULO ALTO E LÁPIDES E RECORTE-OS. DEPOIS DESENHE E RECORTE ALGUNS PEDAÇOS DE CAPIM DA CARTOLINA VERDE.

2 COLE O PEDAÇO RETANGULAR SOBRE O VERSO DA ÁRVORE.

3 DESENHE E RECORTE FANTASMAS USANDO LENÇO DE PAPEL BRANCO. USANDO UM MARCADOR, DESENHE SEUS ROSTOS.

4 AGORA COLE A ÁRVORE, AS LÁPIDES E OS PEDAÇOS DE CAPIM SOBRE A CARTOLINA. COLE OS FANTASMAS ATRÁS DAS LÁPIDES NA CARTOLINA.

5

ESFREGUE UM BALÃO CHEIO EM UM PANO DE LÃ POR ALGUNS MINUTOS.

6

AGORA SEGURE O BALÃO POR CIMA DA CARTOLINA E FAÇA-O FLUTUAR SOBRE AS LÁPIDES. OS FANTASMAS VÃO SE ERGUER E DANÇAR!

O STEM POR TRÁS DISSO

É POR CAUSA DA ELETRICIDADE ESTÁTICA!

QUANDO ESFREGAMOS O BALÃO NO PANO DE LÃ, OS ELÉTRONS DO PANO SE MOVEM PARA O BALÃO. O BALÃO AGORA TEM MAIS ELÉTRONS E DESTA FORMA ADQUIRE UMA CARGA NEGATIVA GERAL, GERANDO ELETRICIDADE ESTÁTICA.

QUANDO POSICIONAMOS O BALÃO POR CIMA DOS FANTASMAS, O BALÃO CARREGADO NEGATIVAMENTE ATRAI OS FANTASMAS CARREGADOS POSITIVAMENTE. OS FANTASMAS, POR SEREM LEVES, SE ERGUEM E DANÇAM DEVIDO À ELETRICIDADE ESTÁTICA!

49
SEPARAÇÃO DO SAL E PIMENTA

RELAÇÃO COM A VIDA: ELETRICIDADE ESTÁTICA

NÍVEL DE DIFICULDADE

VOCÊ VAI PRECISAR DE:
- UM PRATO VAZIO
- DUAS COLHERES DE SOPA DE SAL COMUM
- UMA COLHER DE CHÁ DE PIMENTA PRETA
- UM PENTE DE PLÁSTICO

1 ADICIONE DUAS COLHERES DE SOPA DE SAL EM UM PRATO VAZIO.

2 ADICIONE UMA COLHER DE CHÁ DE PIMENTA PRETA AO SAL. AGORA AGITE CUIDADOSAMENTE O PRATO PARA MISTURAR OS DOIS.

3 PEGUE UM PENTE DE PLÁSTICO E ESFREGUE-O NO SEU CABELO ALGUMAS VEZES.

4 AGORA POSICIONE O PENTE SOBRE O SAL E A PIMENTA NO PRATO. A PIMENTA SALTOU PARA O PENTE?

O STEM POR TRÁS DISSO

O PENTE TEM UMA CARGA NEUTRA ANTES DE SER ESFREGADO NO SEU CABELO.

ESFREGAR O PENTE LHE CONFERIU UMA CARGA ELÉTRICA. ISSO ACONTECEU PORQUE OS ELÉTRONS DO SEU CABELO SE MOVERAM PARA O PENTE. O PENTE GANHOU MAIS ELÉTRONS DO QUE JÁ TINHA, TORNANDO-SE ASSIM CARREGADO NEGATIVAMENTE.

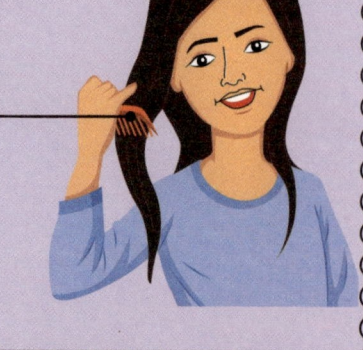

JÁ QUE A PIMENTA ESTÁ CARREGADA POSITIVAMENTE E É MAIS LEVE DO QUE O SAL, ELA SALTA PARA O PENTE.

50
CONDUTOR DE ELETRICIDADE HUMANO

RELAÇÃO COM A VIDA: CONDUTORES E ISOLANTES

NÍVEL DE DIFICULDADE

REQUER SUPERVISÃO DE UM ADULTO

VOCÊ VAI PRECISAR DE:
- UM BALÃO CHEIO
- UM SUÉTER
- UMA LÂMPADA FLUORESCENTE

1 ENCHA UM BALÃO COM AR E ESFREGUE-O VIGOROSAMENTE NUM SUÉTER DE LÃ POR ALGUM TEMPO.

2 AGORA APROXIME O BALÃO DA LÂMPADA. O QUE ACONTECE? VOCÊ PERCEBERÁ UMA CENTELHA DE LUZ NA LÂMPADA!

3 EM SEGUIDA, MOVA O BALÃO PARA CIMA E PARA BAIXO, MANTENDO-O À MESMA DISTÂNCIA DA LÂMPADA. OBSERVE QUE O LAMPEJO DE LUZ SEGUE O MOVIMENTO DO BALÃO.

4 AGORA ENCOSTE GENTILMENTE O BALÃO NA LÂMPADA. VOCÊ VIU UMA FAÍSCA? ISSO É POSSÍVEL?

O STEM POR TRÁS DISSO

QUANDO ESFREGAMOS O BALÃO NO SUÉTER DE LÃ, O BALÃO FICA CARREGADO NEGATIVAMENTE. OS ELÉTRONS DO SUÉTER SE MOVEM PARA O BALÃO E FICAM ALI.

O INTERIOR DA LÂMPADA FLUORESCENTE TEM VAPOR DE FÓSFOROS E MERCÚRIO. QUANDO APROXIMAMOS O BALÃO CARREGADO NEGATIVAMENTE DA LÂMPADA, OS ELÉTRONS SE CHOCAM COM O VAPOR DE MERCÚRIO E EMITEM LUZ ULTRAVIOLETA. ISSO FAZ O FÓSFORO DENTRO DA LÂMPADA BRILHAR.

51
CIRCUITO DE GRAFITE
RELAÇÃO COM A VIDA: CONDUTORES DE ELETRICIDADE

NÍVEL DE DIFICULDADE

VOCÊ VAI PRECISAR DE:
- UMA FOLHA DE PAPEL
- UM LÁPIS GRAFITE *(LÁPIS DE DESENHO)*
- PAPEL ALUMÍNIO
- FITA ADESIVA
- BATERIA DE 9V
- LEDS

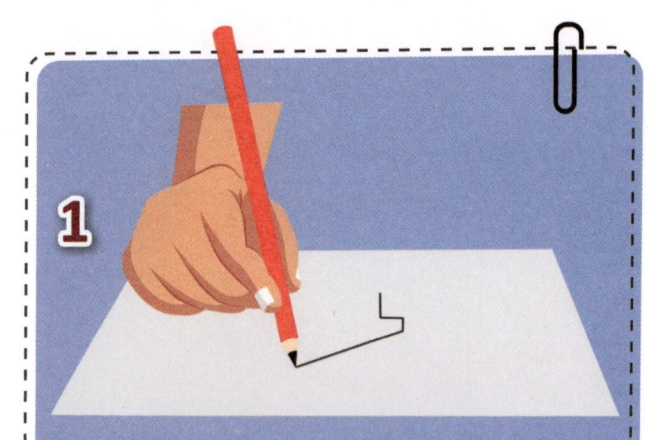

1 DESENHE UMA FIGURA SIMPLES NUM PEDAÇO DE PAPEL USANDO UM LÁPIS GRAFITE. CERTIFIQUE-SE DE QUE AS LINHAS DO SEU DESENHO SEJAM ESPESSAS E ESTEJAM INTERLIGADAS. POR EXEMPLO, DESENHE UMA CASA.

2 DEIXE CERCA DE 1 CM DE ESPAÇO NOS LADOS OPOSTOS DA CASA, COMO MOSTRADO. MARQUE OS SINAIS POSITIVO E NEGATIVO NESSAS PONTAS.

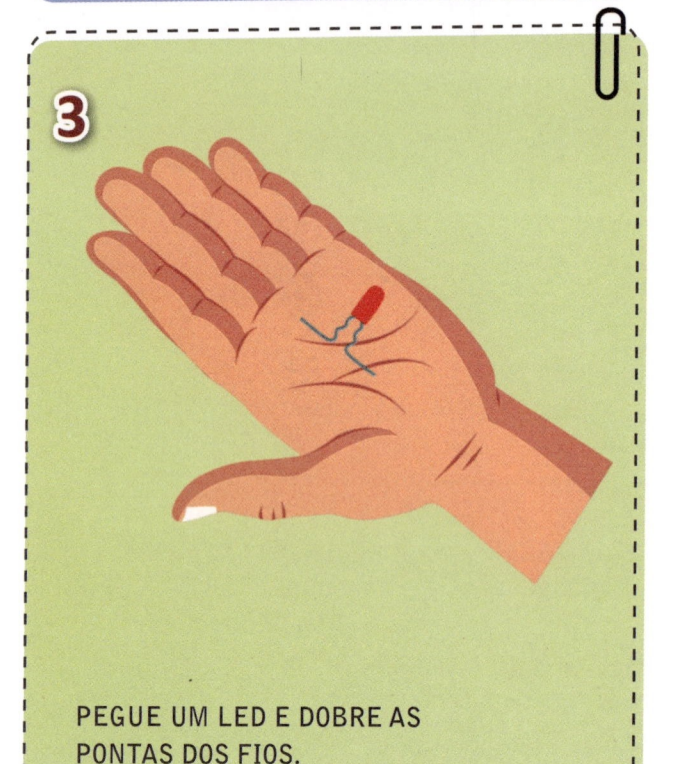

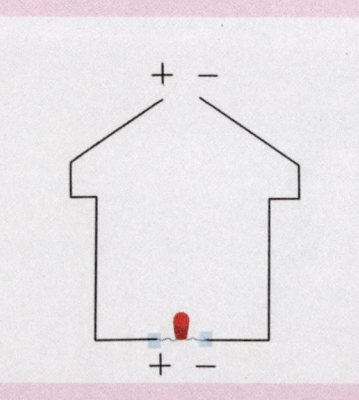

3 PEGUE UM LED E DOBRE AS PONTAS DOS FIOS.

4 USANDO UMA FITA, PRENDA O LED NA VERTICAL NO ESPAÇO NA BASE DE FORMA QUE O LADO MAIOR DO FIO LED FIQUE ALINHADO COM A MARCAÇÃO POSITIVA E O LADO MAIS CURTO FIQUE ALINHADO COM A MARCAÇÃO NEGATIVA DO DESENHO. CERTIFIQUE-SE DE QUE OS FIOS ESTEJAM EM CONTATO COM AS LINHAS DO SEU DESENHO.

5

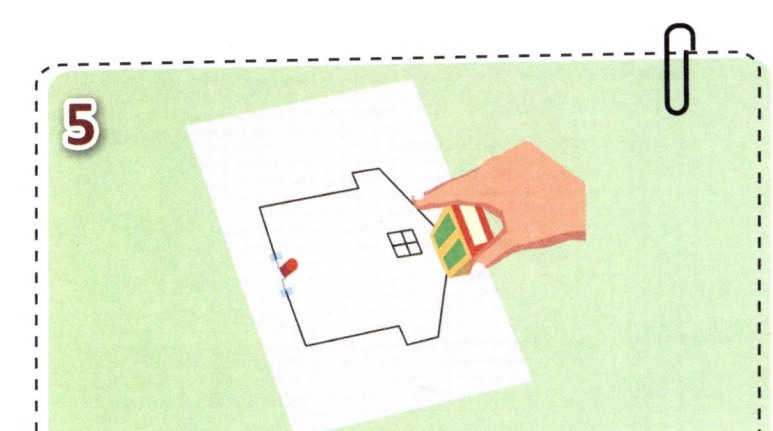

AGORA COLOQUE A BATERIA DE 9V NO ESPAÇO DO TOPO PARA QUE OS POLOS POSITIVO E NEGATIVO DA BATERIA SE ALINHEM COM OS SINAIS POSITIVO E NEGATIVO QUE VOCÊ MARCOU.

6

O LED ACENDE! PARA MELHORES RESULTADOS VOCÊ PODE ESCURECER O QUARTO E OBSERVAR O LED BRILHAR.

O STEM POR TRÁS DISSO

O MATERIAL PODE CONDUZIR ELETRICIDADE SE POSSUIR ELÉTRONS QUE FLUEM LIVREMENTE EM SUA ESTRUTURA. O GRAFITE É UMA FORMA DE CARBONO CRISTALINO. OS ÁTOMOS DE CARBONO EM UMA MOLÉCULA DE GRAFITE DESLOCARAM ELÉTRONS QUE SÃO CAPAZES DE SE MOVER LIVREMENTE EM SUA ESTRUTURA.

QUANDO COLOCAMOS A BATERIA NO DESENHO, OS ELÉTRONS LIVRES NO GRAFITE TRANSPORTAM ELETRICIDADE E ACENDEM O LED.

52
DETECTOR DE CARGA

RELAÇÃO COM A VIDA: FUNCIONAMENTO DE UM ELETROSCÓPIO

NÍVEL DE DIFICULDADE

ENVOLVE A CONSTRUÇÃO DE UM DISPOSITIVO ELÉTRICO, NECESSITANDO SUPERVISÃO.

VOCÊ VAI PRECISAR DE:
- UMA JARRA DE VIDRO TRANSPARENTE COM TAMPA
- UM CANUDO
- UM FIO DE COBRE AWG 14
- TESOURA
- PAPEL ALUMÍNIO
- PISTOLA DE COLA QUENTE
- UM BALÃO INFLADO

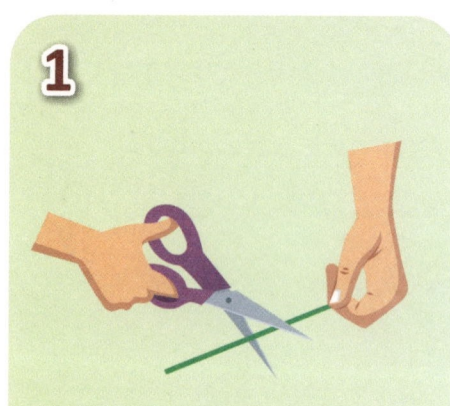

1 CORTE UM PEDAÇO DE 5 CM DE COMPRIMENTO DE UM CANUDO USANDO A TESOURA.

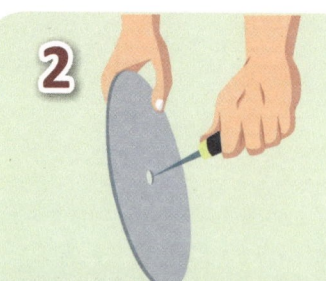

2 RETIRE A TAMPA DA JARRA DE VIDRO. PEÇA A UM ADULTO PARA FAZER UM FURO NO CENTRO DA TAMPA. O BURACO NA TAMPA DEVE SER GRANDE O BASTANTE PARA O CANUDO SE ENCAIXAR.

3 ENFIE O CANUDO NO FURO DA TAMPA. POSICIONE-O DE FORMA QUE FIQUE PELA METADE NO FURO. PRENDA O CANUDO NA TAMPA USANDO COLA QUENTE.

4 USANDO O ALICATE, CORTE UM PEDAÇO DE FIO DE COBRE DE 25 CM DO CARRETEL.

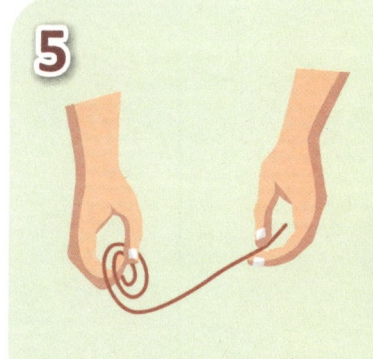

5 ENROLE METADE DO FIO EM UMA ESPIRAL. FAZER ISSO DARÁ AO FIO MAIS ÁREA DE SUPERFÍCIE PARA QUE O DETECTOR DE CARGA FUNCIONE MELHOR.

6 INSIRA A PONTA RETA DO FIO NO CANUDO DE MODO QUE UMA PORÇÃO DO FIO FIQUE FORA DO CANUDO. DOBRE A PONTA PENDURADA DO FIO E MOLDE-O COMO UM GANCHO.

7 CORTE DOIS TRIÂNGULOS PEQUENOS DO PAPEL ALUMÍNIO E FAÇA UM FURO NELES. PENDURE OS TRIÂNGULOS NO GANCHO DO FIO DE COBRE PARA QUE FIQUEM PRÓXIMOS UM DO OUTRO.

8 ROSQUEIE A TAMPA NA JARRA. VOCÊ TAMBÉM PODE PRENDÊ-LA USANDO UM PEDAÇO DE FITA. SEU DETECTOR DE CARGA AGORA ESTÁ PRONTO.

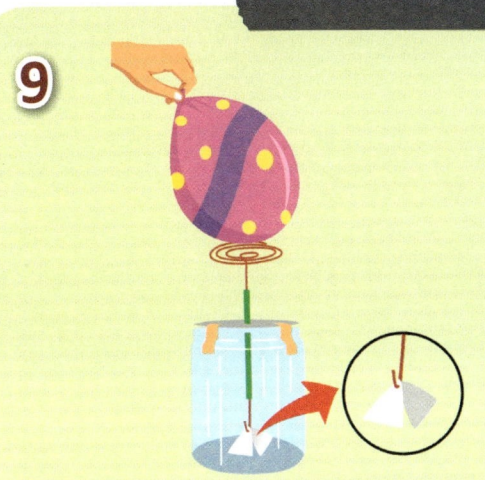

9 PARA TESTÁ-LO, ENCHA UM BALÃO E ESFREGUE-O PARA FRENTE E PARA TRÁS NA SUA MÃO OU CABELO POR ALGUM TEMPO. DEPOIS SEGURE O BALÃO PERTO DA ESPIRAL DE COBRE NO ALTO DA TAMPA. OS PEDAÇOS DE ALUMÍNIO SE SEPARAM!

O STEM POR TRÁS DISSO

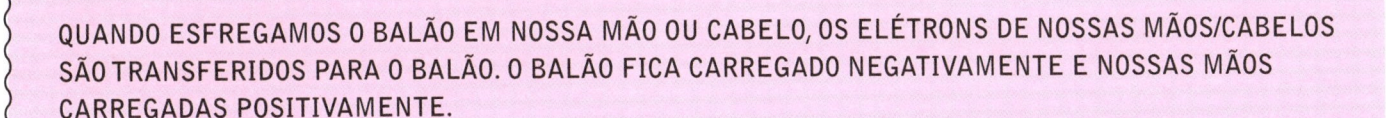

QUANDO ESFREGAMOS O BALÃO EM NOSSA MÃO OU CABELO, OS ELÉTRONS DE NOSSAS MÃOS/CABELOS SÃO TRANSFERIDOS PARA O BALÃO. O BALÃO FICA CARREGADO NEGATIVAMENTE E NOSSAS MÃOS CARREGADAS POSITIVAMENTE.

APROXIMAR O BALÃO DA ESPIRAL DE COBRE FAZ OS ELÉTRONS NA ESPIRAL DESCERAM PARA O TUBO PORQUE CARGAS SEMELHANTES SE REPELEM. ESSES ELÉTRONS SÃO TRANSFERIDOS PARA OS PEDAÇOS DE ALUMÍNIO PELO GANCHO.

OS DOIS PEDAÇOS DE PAPEL ALUMÍNIO FICAM CARREGADOS NEGATIVAMENTE E SE REPELEM.

53

A ÁGUA CONDUZ A ELETRICIDADE?

RELAÇÃO COM A VIDA: TESTANDO A CONDUTIVIDADE ELÉTRICA DA ÁGUA

NÍVEL DE DIFICULDADE

REQUER SUPERVISÃO DE UM ADULTO

VOCÊ VAI PRECISAR DE:

- UM RECIPIENTE MÉDIO
- UMA LÂMPADA DE LED PEQUENA
- DUAS PILHAS BOTÃO PEQUENAS
- DOIS PEDAÇOS DE FIO ELÉTRICO COM GRAMPOS TIPO PINÇA CROCODILO
- ÁGUA SALGADA
- ÁGUA DESTILADA
- FITA ADESIVA

1 ENCHA COM ÁGUA UM RECIPIENTE MÉDIO. ACRESCENTE DUAS COLHERES DE SOPA DE SAL. ESTA É A SUA ÁGUA SALGADA.

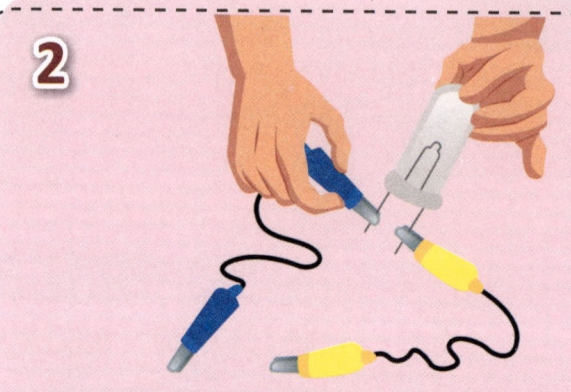

2 CONECTE A PINÇA CROCODILO DE UM DOS FIOS ELÉTRICOS A UMA PERNA DA LÂMPADA DE LED E O A PINÇA DO SEGUNDO FIO À SEGUNDA PERNA DA LÂMPADA DE LED. ISSO FORMA UM CIRCUITO ABERTO.

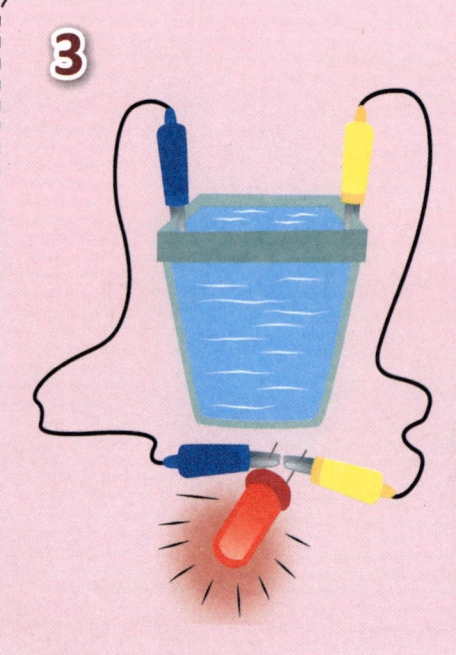

3 PEÇA A UM ADULTO PARA PRENDER AS PINÇAS CROCODILO DAS DUAS PONTAS ABERTAS DOS FIOS AO RECIPIENTE CHEIO DE ÁGUA SALGADA. CERTIFIQUE-SE DE QUE AS PINÇAS CROCODILO ESTEJAM LIGEIRAMENTE MERGULHADAS NA ÁGUA. A LÂMPADA DE LED ACENDE? SIM, ELA ACENDE!

4 AGORA ENCHA OUTRO RECIPIENTE COM ÁGUA DESTILADA.

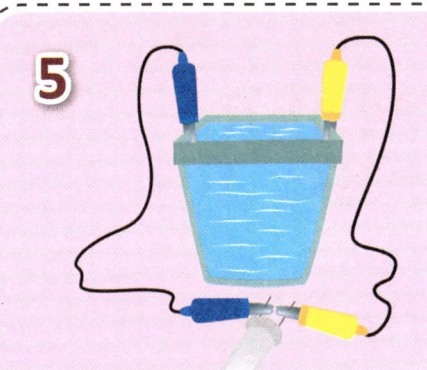

5 REPITA A ETAPA 3 E OBSERVE SE A LÂMPADA DE LED ACENDE. CONSEGUE IMAGINAR POR QUE A LÂMPADA NÃO ACENDE?

O STEM POR TRÁS DISSO

A ÁGUA PURA É UM CONDUTOR RUIM DE ELETRICIDADE, AO PASSO QUE ÁGUA IMPURA É UM CONDUTOR EFICIENTE DE ELETRICIDADE.

O SAL DE MESA É COMPOSTO DE SÓDIO E CLORO. QUANDO ACRESCENTAMOS SAL À ÁGUA, AS MOLÉCULAS DE ÁGUA SEPARAM OS ÍONS DE SÓDIO E CLORO, FAZENDO-OS SE MOVER LIVREMENTE NA ÁGUA. ESSES ÍONS TRANSPORTAM ELETRICIDADE DE UM FIO PARA O OUTRO PELA ÁGUA E A LÂMPADA ACENDE.

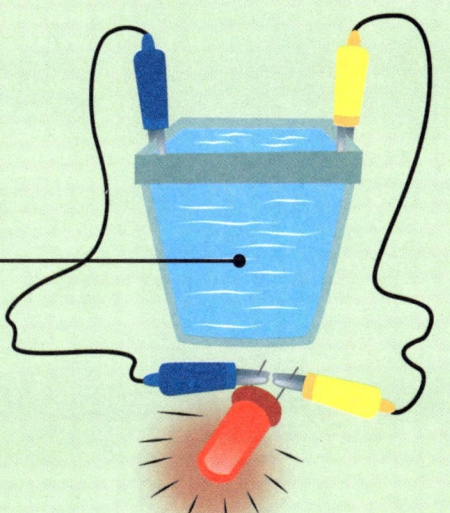

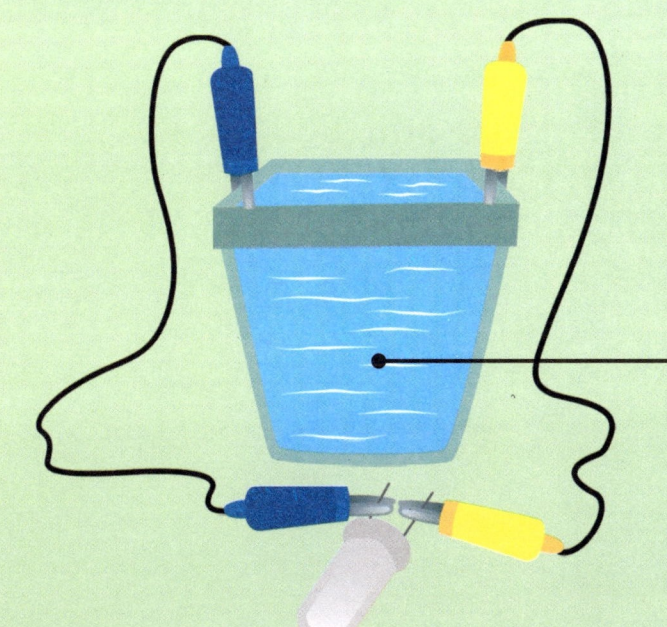

CONTUDO, UMA VEZ QUE A ÁGUA DESTILADA É PURA, ELA PODE NÃO CONTER ÍONS PARA TRANSPORTAR A ELETRICIDADE. PORTANTO A LÂMPADA NÃO ACENDE.

EXPERIMENTOS COM ÍMÃS

UM ÍMÃ É UM OBJETO QUE TEM UMA FORÇA INVISÍVEL CHAMADA MAGNETISMO. ESSA FORÇA PUXA ALGUNS METAIS COMO O FERRO E O NÍQUEL. UM ÍMÃ TEM UM CAMPO MAGNÉTICO INVISÍVEL AO SEU REDOR.

OS OBJETOS QUE SÃO ATRAÍDOS POR UM ÍMÃ SÃO CHAMADOS DE SUBSTÂNCIAS MAGNÉTICAS E AQUELES QUE NÃO SÃO ATRAÍDOS PELOS ÍMÃS SÃO CHAMADOS DE SUBSTÂNCIAS NÃO MAGNÉTICAS.

ENCONTRAM-SE ÍMÃS EM FORMATOS E TAMANHOS DIFERENTES. CADA ÍMÃ TEM UM POLO NORTE E UM POLO SUL, ESSAS SÃO SUAS DUAS EXTREMIDADES. QUANDO SUSPENSOS LIVREMENTE, UM ÍMÃ SEMPRE APONTA NA DIREÇÃO NORTE-SUL. AS FORÇAS MAGNÉTICAS DENTRO DESSES DOIS POLOS GERAM O CAMPO MAGNÉTICO.

95

54
FAÇA UMA BÚSSOLA COM AGULHA FLUTUANTE

RELAÇÃO COM A VIDA: ACHANDO AS DIREÇÕES USANDO UM ÍMÃ

NÍVEL DE DIFICULDADE

VOCÊ VAI PRECISAR DE:
- UMA AGULHA DE COSTURA
- UMA RÉGUA
- UM ÍMÃ EM BARRA
- PAPEL RESISTENTE
- TESOURA
- FITA ADESIVA
- ÁGUA
- UM PRATO RASO

1 ENCHA COM ÁGUA UM PRATO RASO E RESERVE-O.

2 DESENHE UM CÍRCULO DE 5 CM DE DIÂMETRO EM UM PEDAÇO DE PAPEL USANDO UM COMPASSO. CORTE-O CUIDADOSAMENTE USANDO UMA TESOURA. ESTE É O NOSSO DISCO CIRCULAR.

3 PRENDA A AGULHA DE COSTURA NO MEIO DO DISCO USANDO FITA ADESIVA.

4 AGORA PEGUE O ÍMÃ E ESFREGUE-O PELA AGULHA NA MESMA DIREÇÃO POR 20 A 30 VEZES.

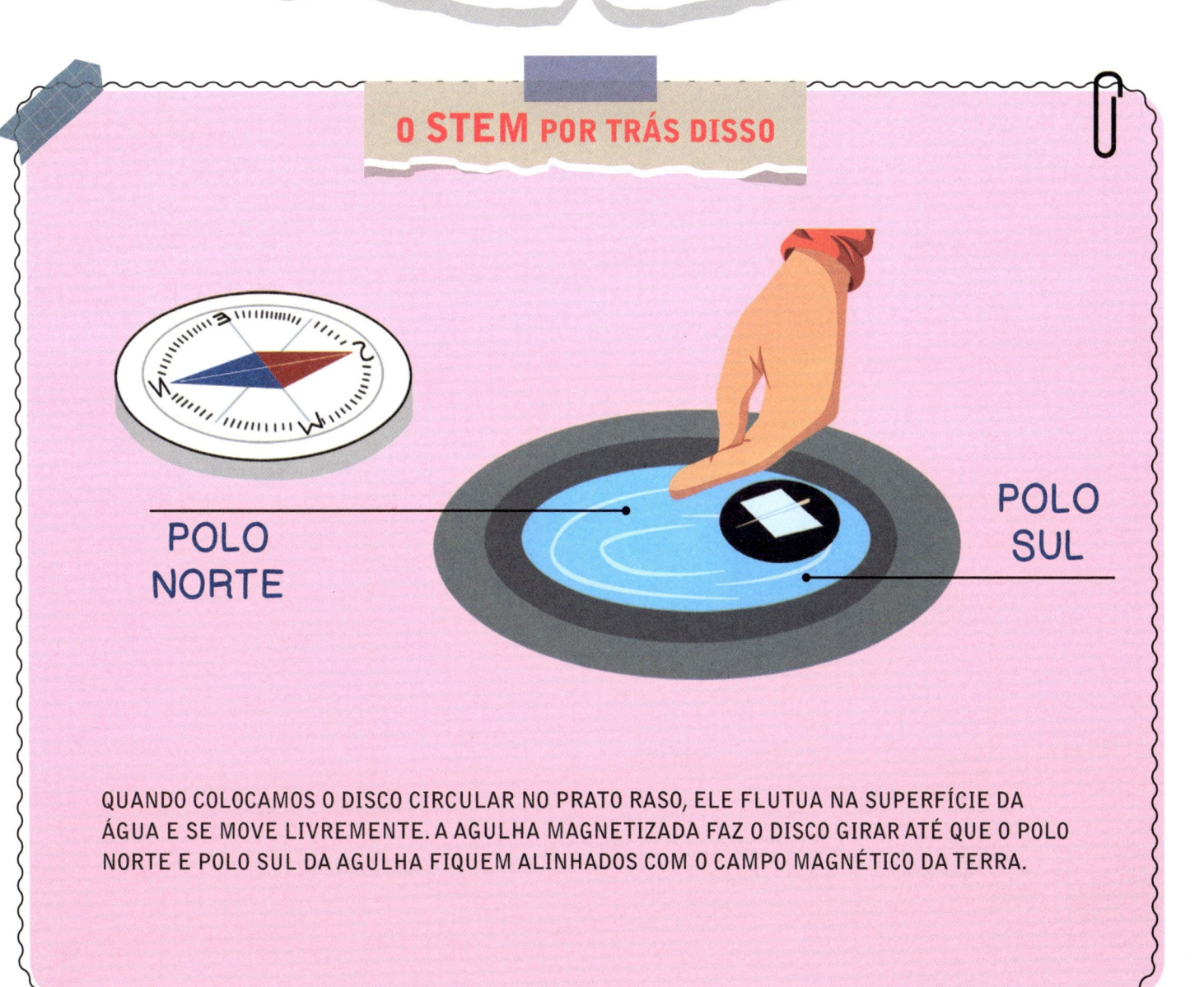

5

COLOQUE LENTAMENTE O DISCO NO PRATO RASO PARA QUE ELE FLUTUE POR CIMA. O DISCO COMEÇA A GIRAR ATÉ QUE UMA PONTA DA AGULHA APONTE PARA O NORTE, IGUAL A UMA BÚSSOLA.

O STEM POR TRÁS DISSO

POLO NORTE

POLO SUL

QUANDO COLOCAMOS O DISCO CIRCULAR NO PRATO RASO, ELE FLUTUA NA SUPERFÍCIE DA ÁGUA E SE MOVE LIVREMENTE. A AGULHA MAGNETIZADA FAZ O DISCO GIRAR ATÉ QUE O POLO NORTE E POLO SUL DA AGULHA FIQUEM ALINHADOS COM O CAMPO MAGNÉTICO DA TERRA.

55
FRUTA MAGNÉTICA

RELAÇÃO COM A VIDA: MATERIAIS DIAMAGNÉTICOS

NÍVEL DE DIFICULDADE

REQUER SUPERVISÃO DE UM ADULTO

VOCÊ VAI PRECISAR DE:
- DUAS UVAS GRANDES
- UM CANUDO RESISTENTE
- UM PEDAÇO DE BARBANTE COM CERCA DE 60 CM DE COMPRIMENTO
- PEQUENOS ÍMÃS DE NEODÍMIO
- FITA ADESIVA
- UM SUPORTE UNIVERSAL COM GARRA

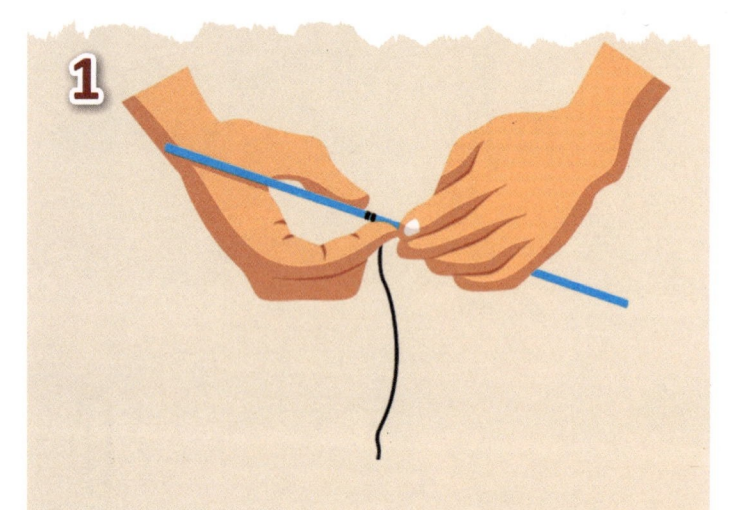

1 PEGUE UM PEDAÇO DE BARBANTE E PRENDA UMA DAS PONTAS NA METADE DO CANUDO.

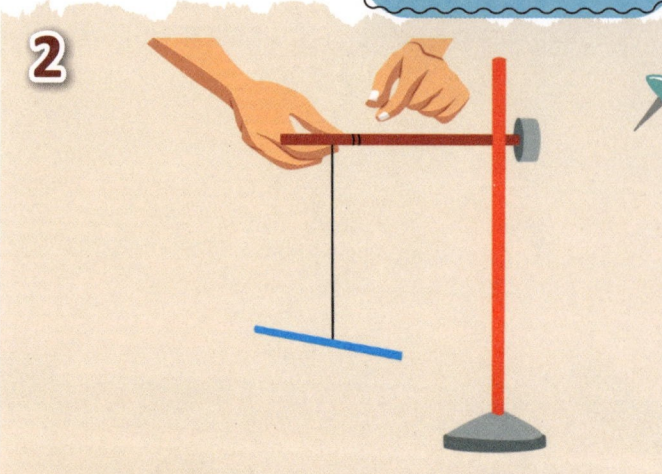

2 AGORA PRENDA A OUTRA PONTA DO BARBANTE NO SUPORTE COM GARRA PARA QUE O CANUDO POSSA GIRAR LIVREMENTE FEITO UM PÊNDULO.

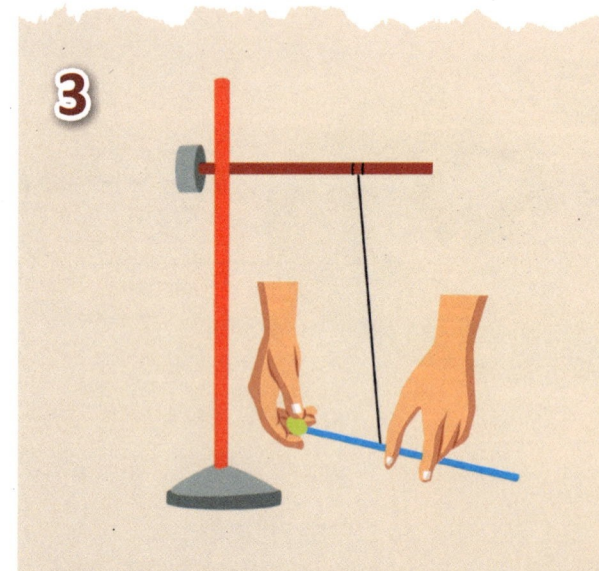

3 FAÇA UM PEQUENO CORTE NA PONTA VIRADA PARA O CAULE DE CADA UVA E DESLIZE-AS SOBRE AS PONTAS DO CANUDO.

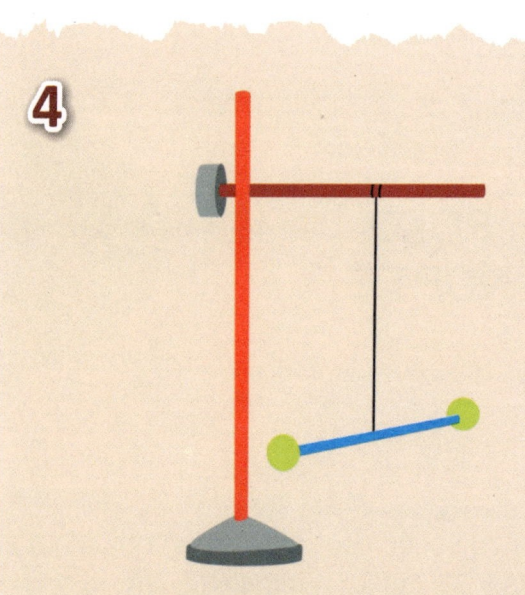

4 AJUSTE AS UVAS PARA QUE O CANUDO FIQUE EQUILIBRADO.

5 EM SEGUIDA, SEGURE O POLO NORTE DE UM ÍMÃ DE NEODÍMIO PERTO DE UMA DAS UVAS. A UVA É REPELIDA PELO ÍMÃ E COMEÇA A SE AFASTAR.

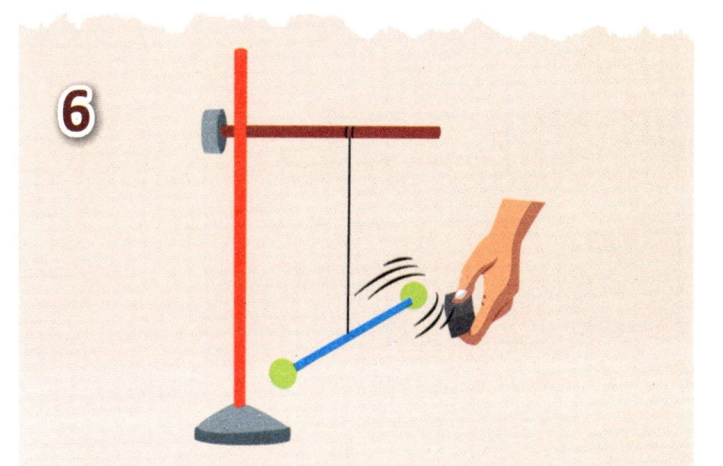

6 AGORA GIRE O ÍMÃ E SEGURE O POLO SUL DO ÍMÃ PERTO DA UVA. TAMBÉM DESTA VEZ A UVA O REPELIRÁ E SE AFASTARÁ LENTAMENTE.

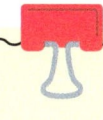

O STEM POR TRÁS DISSO

QUANDO APROXIMAMOS O ÍMÃ DA UVA, A CORRENTE ELÉTRICA É INDUZIDA NOS ÁTOMOS DA UVA.

ELA TORNA AS UVAS MAGNETIZADAS DE TAL MODO QUE ELAS REPELEM O ÍMÃ.

MATERIAIS DIAMAGNÉTICOS SÃO SUBSTÂNCIAS QUE GERALMENTE SÃO REPELIDAS POR ÍMÃS.

OS ÁTOMOS DE TAIS MATERIAIS CONTÉM ELÉTRONS PAREADOS, ISTO É, ELES FORMAM PAR COM ELÉTRONS DE GIRO OPOSTO. POR EXEMPLO, ÁGUA, HÉLIO, BISMUTO E GRAFITE. A ÁGUA É O COMPONENTE PRINCIPAL DAS UVAS DEVIDO AO QUAL ELAS MOSTRAM DIAMAGNETISMO.

56
BONECA DANÇANTE

RELAÇÃO COM A VIDA: POLOS SIMILARES DE UM ÍMÃ SE REPELEM

NÍVEL DE DIFICULDADE

REQUER SUPERVISÃO DE UM ADULTO

VOCÊ VAI PRECISAR DE:

- UM SUPORTE DE MADEIRA COM UM FIO/CABO
- CARTOLINA
- FIO DE ALGODÃO
- ESTILETE
- FITA ADESIVA
- COLA
- TRÊS ÍMÃS EM FORMA DE ANEL
- PAPEL DE ARTE
- LÁPIS
- BORRACHA
- LÁPIS-DE-COR

1. COLE UM PAPEL DE ARTE SOBRE UM PEDAÇO DE CARTOLINA USANDO COLA. DEPOIS DESENHE UMA BONECA COM PÉS GRANDES O SUFICIENTE PARA OCULTAR UM ÍMÃ EM FORMA DE ANEL.

2. AGORA RECORTE A BONECA USANDO O ESTILETE OU TESOURA.

3. PRENDA O ÍMÃ COM FORMA DE ANEL NOS PÉS DA BONECA, USANDO FITA ADESIVA, DE MODO QUE O POLO NORTE FIQUE VIRADO PARA O LADO DE FORA.

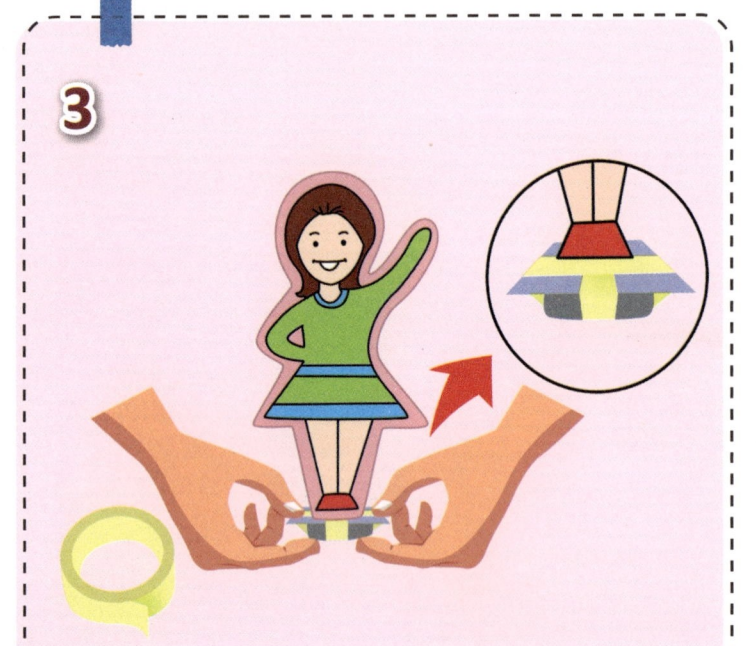

4. PRENDA OS OUTROS DOIS ÍMÃS EM FORMA DE ANEL NA BASE DO SUPORTE DE MADEIRA PERTO DE ONDE A SUA BONECA VAI FICAR. ARRUME OS ÍMÃS DE MODO QUE O POLO NORTE DELES FIQUE VOLTADO PARA O LADO DE FORA.

5 AGORA AMARRE UM PEDAÇO DE FIO DE ALGODÃO NA BONECA E SUSPENDA-A NO SUPORTE.

6 BALANCE A BONECA GENTILMENTE. ELA COMEÇA A DANÇAR?

O STEM POR TRÁS DISSO

UM ÍMÃ TEM DOIS POLOS: NORTE E SUL. QUANDO DOIS ÍMÃS QUAISQUER SÃO REUNIDOS OS POLOS DIFERENTES SE ATRAEM ENQUANTO OS POLOS IGUAIS SE REPELEM.

NESTE ARRANJO, OS POLOS NORTES DO ÍMÃ LOCALIZADOS NOS PÉS DA BONECA E OS ÍMÃS NO SUPORTE DE MADEIRAS SE REPELEM, FAZENDO A BONECA DANÇAR.

57
ÍMÃS DE LED

RELAÇÃO COM A VIDA: USANDO O MAGNETISMO PARA CRIAR ELETRICIDADE

NÍVEL DE DIFICULDADE

REQUER SUPERVISÃO DE UM ADULTO

VOCÊ VAI PRECISAR DE:

- BANDEJA DE SILICONE COM MOLDES
- LÂMPADAS DE LED DE CORES DIFERENTES
- ÍMÃS BOTÃO MAGNÉTICO
- PILHA BOTÃO
- FITA ADESIVA TRANSPARENTE
- PISTOLA PARA COLA QUENTE *(OBS: O NÚMERO DE LEDS, ÍMÃS E PILHAS BOTÃO VAI DEPENDER DO NÚMERO DE MOLDES.)*

1 ESPREMA COLA QUENTE DENTRO DOS MOLDES DA BANDEJA DE SILICONE ATÉ CHEGAR AO TOPO. DEIXE DE LADO ATÉ QUE A COLA ESTEJA QUASE SECA, EXCETO NO CENTRO DO MOLDE, EM QUE DEVE ESTAR MACIA E ÚMIDA.

2 COLOQUE GENTILMENTE UMA LÂMPADA DE LED NO CENTRO DE CADA MOLDE DE MODO QUE SUA TRASEIRA NÃO AFUNDE.

3 AGUARDE UM TEMPO ATÉ QUE A COLA QUENTE SEQUE COMPLETAMENTE E ESFRIE. ENTÃO RETIRE CUIDADOSAMENTE AS PEÇAS MOLDADAS DA BANDEJA.

4 AGORA AFASTE UM POUCO OS FIOS DO LED E DOBRE-OS PARA UM LADO COMO MOSTRADO.

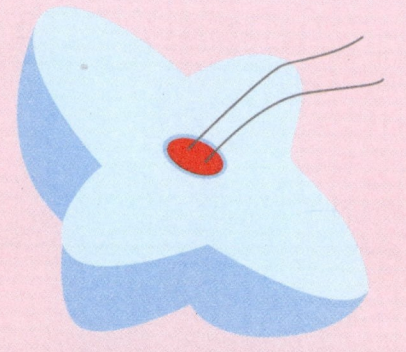

5 EM CADA PEÇA MOLDADA, PRENDA UM ÍMÃ BOTÃO NO FIO MAIS AFASTADO DA LÂMPADA USANDO COLA QUENTE.

6 COLOQUE A PILHA BOTÃO ENTRE OS DOIS FIOS, COMO MOSTRADO. ENTÃO PRENDA-A FIRMEMENTE AOS FIOS COM FITA. CERTIFIQUE-SE DE QUE O FIO MAIS COMPRIDO ESTEJA PRESO NO LADO POSITIVO DA PILHA BOTÃO.

7 OS ÍMÃS DE LED VÃO BRILHAR NO ATO! REMOVA A PILHA PARA DESLIGAR AS LUZES.

O STEM POR TRÁS DISSO

AQUI O CAMPO MAGNÉTICO DO ÍMÃ AJUDA A GERAR ELETRICIDADE.

QUANDO A PILHA BOTÃO É COLOCADA ENTRE OS FIOS, A MUDANÇA DO CAMPO MAGNÉTICO AO REDOR DO ÍMÃ FAZ OS ELÉTRONS NO FIO SE MOVEREM, GERANDO UMA CORRENTE ELÉTRICA. ISSO FAZ OS LEDS ACENDEREM.

58
TREM ELETROMAGNÉTICO
RELAÇÃO COM A VIDA: ELETROÍMÃS

NÍVEL DE DIFICULDADE

NECESSIDADE DE MONTAR E MANUSEAR MATERIAIS ESPECÍFICOS E COMPONENTES ELÉTRICOS COM SEGURANÇA, NECESSITANDO SUPERVISÃO.

VOCÊ VAI PRECISAR DE:
- UM ROLO DE FIO DE COBRE AWG 20
- UMA PILHA AAA
- 6 ÍMÃS DE NEODÍMIO DE 12 MM DE DIÂMETRO CADA UM
- CAVILHAS DE MADEIRA DE 12 MM DE DIÂMETRO
- FITA ADESIVA

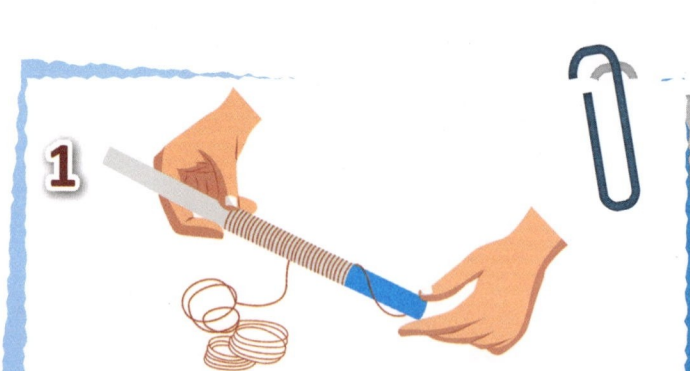

1 PRENDA COM FITA UMA PONTA DO FIO DE COBRE EM UMA CAVILHA DE MADEIRA.
GIRE LENTAMENTE A CAVILHA PARA CRIAR UMA BOBINA DE FIO, COMO MOSTRADO. CERTIFIQUE-SE DE QUE AS BOBINAS ESTEJAM FIRMEMENTE ENROLADAS E NÃO SE SOBREPONHAM.

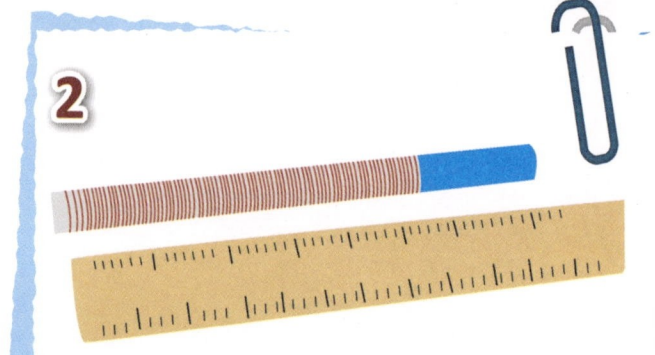

2 CONTINUE ENROLANDO O FIO ATÉ QUE A BOBINA FIQUE COM 15 CM DE COMPRIMENTO.

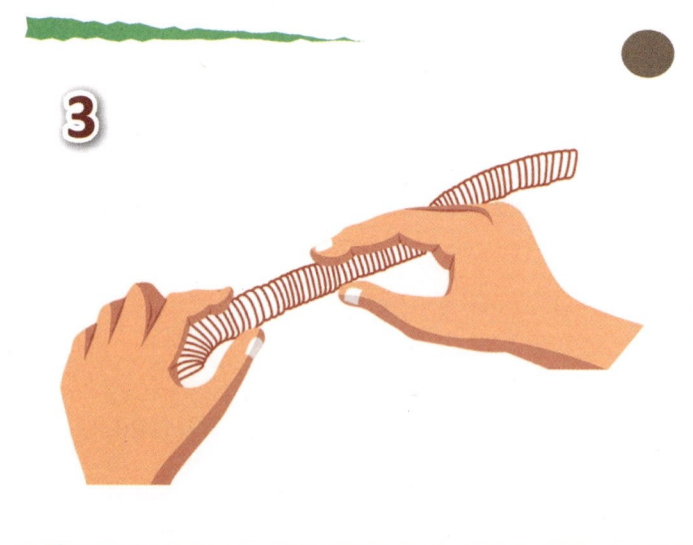

3 REMOVA CUIDADOSAMENTE A BOBINA DA CAVILHA. ESTIQUE-A GENTILMENTE COM AS MÃOS PARA QUE AS VOLTAS DA BOBINA NÃO SE ENCOSTEM.

4

FAÇA DOIS MONTINHOS DE TRÊS ÍMÃS DE NEODÍMIO. POSICIONE OS MONTINHOS DE MODO A SE REPELIREM. AGORA PRENDA UM MONTINHO EM CADA PONTA DA PILHA. O SEU TREM ESTÁ PRONTO!

5

AGORA DESLIZE O TREM PARA DENTRO DA BOBINA DE COBRE. ELE DEVE DISPARAR BOBINA ADENTRO E PARA FORA DO OUTRO LADO NO ATO!

O STEM POR TRÁS DISSO

O IMPULSO MAGNÉTICO MOVIMENTA O TREM!

QUANDO VOCÊ COLOCA O TREM, OU SEJA, O ARRANJO ÍMÃ E PILHA DENTRO DA BOBINA DE COBRE, ELE CRIA UM CIRCUITO. A ELETRICIDADE DO POLO POSITIVO DA PILHA SE MOVE ATRAVÉS DOS ÍMÃS PARA DENTRO DO FIO DE COBRE E SE MOVE EM ESPIRAL DE VOLTA PARA O POLO NEGATIVO DA PILHA.

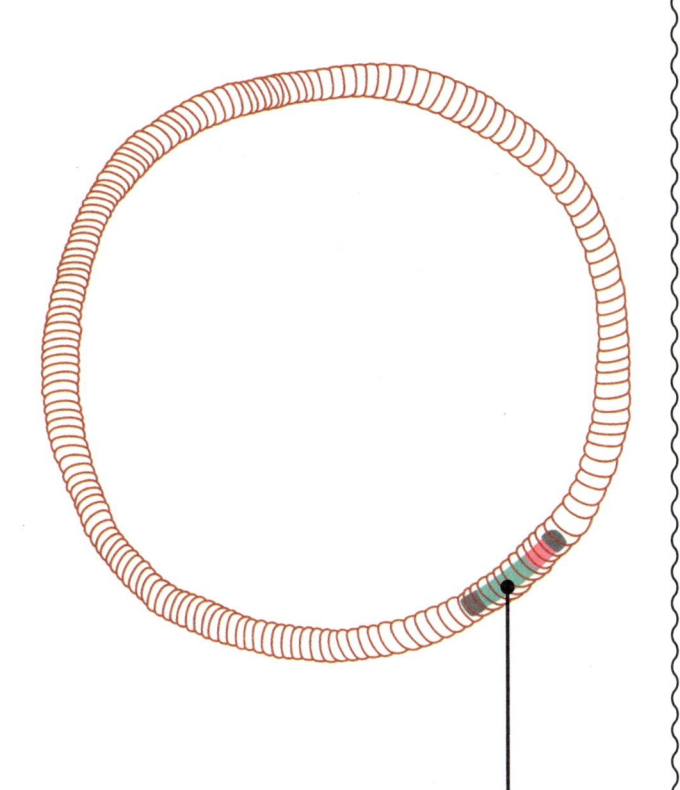

ESTA ELETRICIDADE CRIA UM CAMPO MAGNÉTICO QUE GERA UM IMPULSO CONTRA OS ÍMÃS, QUE POR SUA VEZ EMPURRAM O TREM AVANTE!

59
VAMOS EQUILIBRAR AS PORCAS

RELAÇÃO COM A VIDA: ÍMÃS TEMPORÁRIOS

NÍVEL DE DIFICULDADE

VOCÊ VAI PRECISAR DE:
- 4 LATAS DE REFRIGERANTE CHEIAS
- 2 ÍMÃS DE CERÂMICA
- UMA GRANDE RÉGUA DE MADEIRA
- 5 PORCAS SEXTAVADAS
- UM COPO TRANSPARENTE ALTO E PESADO

1
ARRUME AS LATAS DE REFRIGERANTE EM DUAS PILHAS. DISPONHA-AS NUMA MESA SEPARADAS PELO TAMANHO DA RÉGUA, COMO MOSTRADO.

2
RETIRE A RÉGUA DO TOPO DAS LATAS. AGORA COLOQUE UM ÍMÃ EM CADA LADO DA RÉGUA DE MODO QUE OS ÍMÃS SE ATRAIAM E SE SEGUREM.

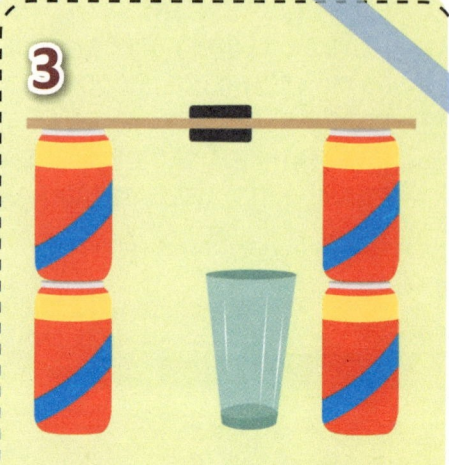

3
COLOQUE A RÉGUA DE VOLTA SOBRE AS PILHAS. AGORA DEIXE UM COPO NA MESA ENTRE AS PILHAS DE MODO QUE UM PONTO DA SUA BORDA FIQUE ALINHADO ABAIXO DOS ÍMÃS.

4
AGORA PRENDA AS PORCAS SEXTAVADAS EM UMA COLUNA PENDURADA NO ÍMÃ DEBAIXO DA RÉGUA. POSICIONE AS PORCAS TÃO RETAS QUANTO PUDER.

5 LENTAMENTE, ABAIXE A COLUNA PENDURADA DE PORCAS E EQUILIBRE-A NA BORDA DO COPO. CERTIFIQUE-SE DE QUE, QUANDO AS PORCAS ESTIVEREM COLOCADAS NA BORDA DO COPO, ELAS ESTEJAM DIRETAMENTE ABAIXO DO ÍMÃ NA RÉGUA.

6 VOCÊ VAI VER AS PORCAS SEXTAVADAS EQUILIBRADAS NA BORDA DO COPO.

O STEM POR TRÁS DISSO

AS PORCAS SEXTAVADAS SE COMPORTAM COMO ÍMÃS TEMPORÁRIOS E MANTÊM CADA UMA NO LUGAR.

QUANDO LIGAMOS AO ÍMÃ UMA PORCA SEXTAVADA SOB A OUTRA, ELAS DESENVOLVEM UM CAMPO MAGNÉTICO INTERNO PRÓPRIO. O CAMPO MAGNÉTICO (EMBORA FRACO) FUNCIONA MESMO QUANDO AS PORCAS SÃO DESCONECTADAS DO ÍMÃ E COLOCADAS NA BORDA DO COPO. E POR ISSO CONTINUAM EQUILIBRADAS NO COPO.

60
A LEI DE LENZ E A GRAVIDADE

RELAÇÃO COM A VIDA: A LEI DE LENZ

NÍVEL DE DIFICULDADE

PRECISÃO PARA DEMONSTRAR A LEI, EXIGINDO UM BOM ENTENDIMENTO DE ELETROMAGNETISMO.

VOCÊ VAI PRECISAR DE:
- DOIS TUBOS DE COBRE
- 2 ÍMÃS DE CERÂMICA
- UMA BOLA METÁLICA E UMA MAGNÉTICA DO MESMO TAMANHO
- UM AMIGO OU ADULTO PARA AJUDAR

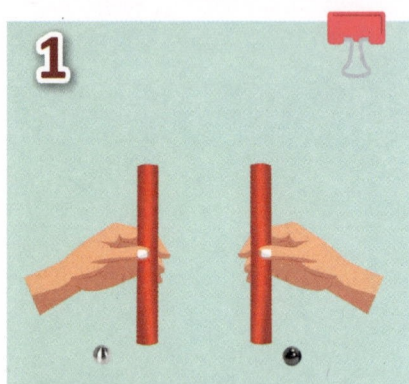

1 SEGURE O TUBO DE COBRE EM UMA DAS MÃOS E FAÇA UM AMIGO SEGURAR O OUTRO TUBO.

2 PEGUE A BOLA DE METAL COM A OUTRA MÃO E PEÇA PARA SEU AMIGO SEGURAR A BOLA MAGNÉTICA.

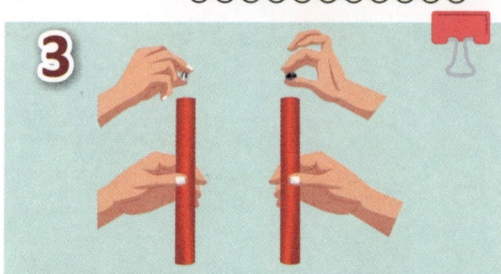

3 LARGUE A BOLA DE METAL NO TUBO DE COBRE E PEÇA AO SEU AMIGO PARA LARGAR A BOLA DE ÍMÃ NO TUBO QUE ESTIVER SEGURANDO. CERTIFIQUE-SE DE QUE SE LARGUEM AS DUAS BOLAS AO MESMO TEMPO.

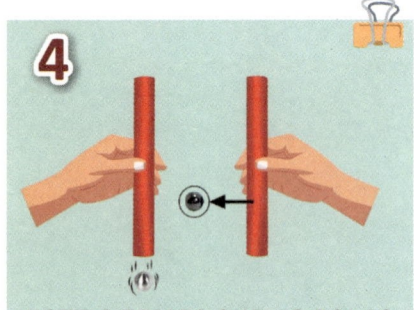

4 NOTE O TEMPO QUE AS BOLAS LEVAM PARA CAIR PELO TUDO. A BOLA DE METAL CAI ANTES DO QUE A BOLA MAGNÉTICA.

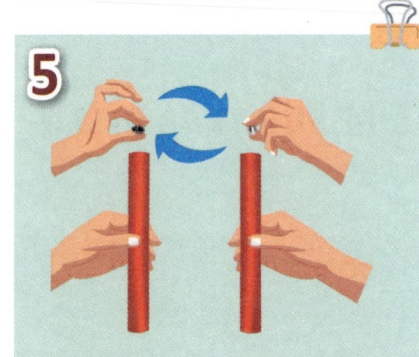

5 AGORA TROQUEM AS BOLAS E LARGUEM-NAS NOS TUBOS NOVAMENTE.

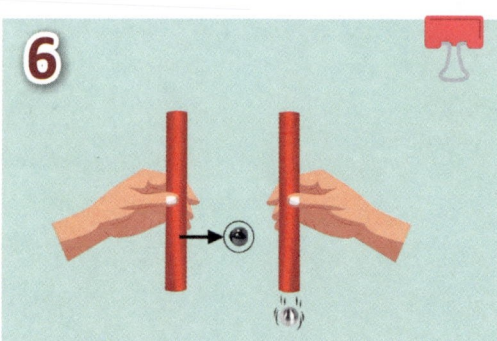

6 TAMBÉM DESTA VEZ A BOLA DE METAL CAI ANTES DA BOLA MAGNÉTICA.

O STEM POR TRÁS DISSO

QUANDO VOCÊ LARGA A BOLA MAGNÉTICA PELO TUBO DE COBRE, A MUDANÇA DE SEU CAMPO MAGNÉTICO INDUZ UMA CORRENTE ELÉTRICA NO TUBO. ESTA CORRENTE FLUI NA DIREÇÃO OPOSTA AO DO ÍMÃ EM MOVIMENTO. ISSO EXERCE UMA FORÇA SOBRE O ÍMÃ E O DESACELERA.

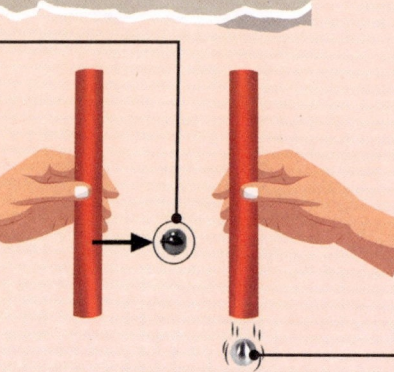

A BOLA DE METAL NÃO SOFRE ESSAS FORÇAS E ASSIM CAI ANTES DA BOLA DE ÍMÃ.

61
SEPARANDO MISTURAS

RELAÇÃO COM A VIDA: SUBSTÂNCIAS MAGNÉTICAS

NÍVEL DE DIFICULDADE

VOCÊ VAI PRECISAR DE:
- UMA XÍCARA DE AREIA
- UMA XÍCARA DE LIMALHA DE FERRO
- UM ÍMÃ EM BARRA
- UM PRATO RASO

1 DESPEJE UMA XÍCARA DE LIMALHA DE FERRO NO PRATO RASO. EM SEGUIDA, DESPEJE UMA XÍCARA DE AREIA NO MESMO PRATO.

2 MISTURE-OS BEM COM OS DEDOS. CERTIFIQUE-SE DE QUE A LIMALHA DE FERRO E A AREIA ESTEJAM TOTALMENTE MISTURADAS.

3 APROXIME UM ÍMÃ EM BARRA DO PRATO. A LIMALHA DE FERRO É ATRAÍDA AO ÍMÃ DEIXANDO A AREIA PARA TRÁS.

O STEM POR TRÁS DISSO

O FERRO É UMA SUBSTÂNCIA MAGNÉTICA ENQUANTO A AREIA É NÃO MAGNÉTICA. POR ISSO A LIMALHA DE FERRO GRUDA NO ÍMÃ, SEPARANDO-SE DA AREIA.

EXPERIMENTOS COM

CORES

AS CORES SÃO UMA PARTE INDISPENSÁVEL DO NOSSO MUNDO. UM OBJETO PARECE SER DE UMA CERTA COR POR CAUSA DA MANEIRA QUE REFLETE A LUZ. POR EXEMPLO, QUANDO A LUZ BRANCA CAI SOBRE UMA MAÇÃ, ELA ABSORVE TODAS AS CORES DA LUZ MENOS O VERMELHO. ESTA LUZ VERMELHA É ENTÃO REFLETIDA E A MAÇÃ PARECE VERMELHA.

VERMELHO, AZUL E AMARELO SÃO CORES PRIMÁRIAS. OUTRAS CORES COMO O VERDE, ALARANJADO, MARROM, ETC. SÃO CORES SECUNDÁRIAS FORMADAS PELA MISTURA DE CORES PRIMÁRIAS EM COMBINAÇÕES DIFERENTES.

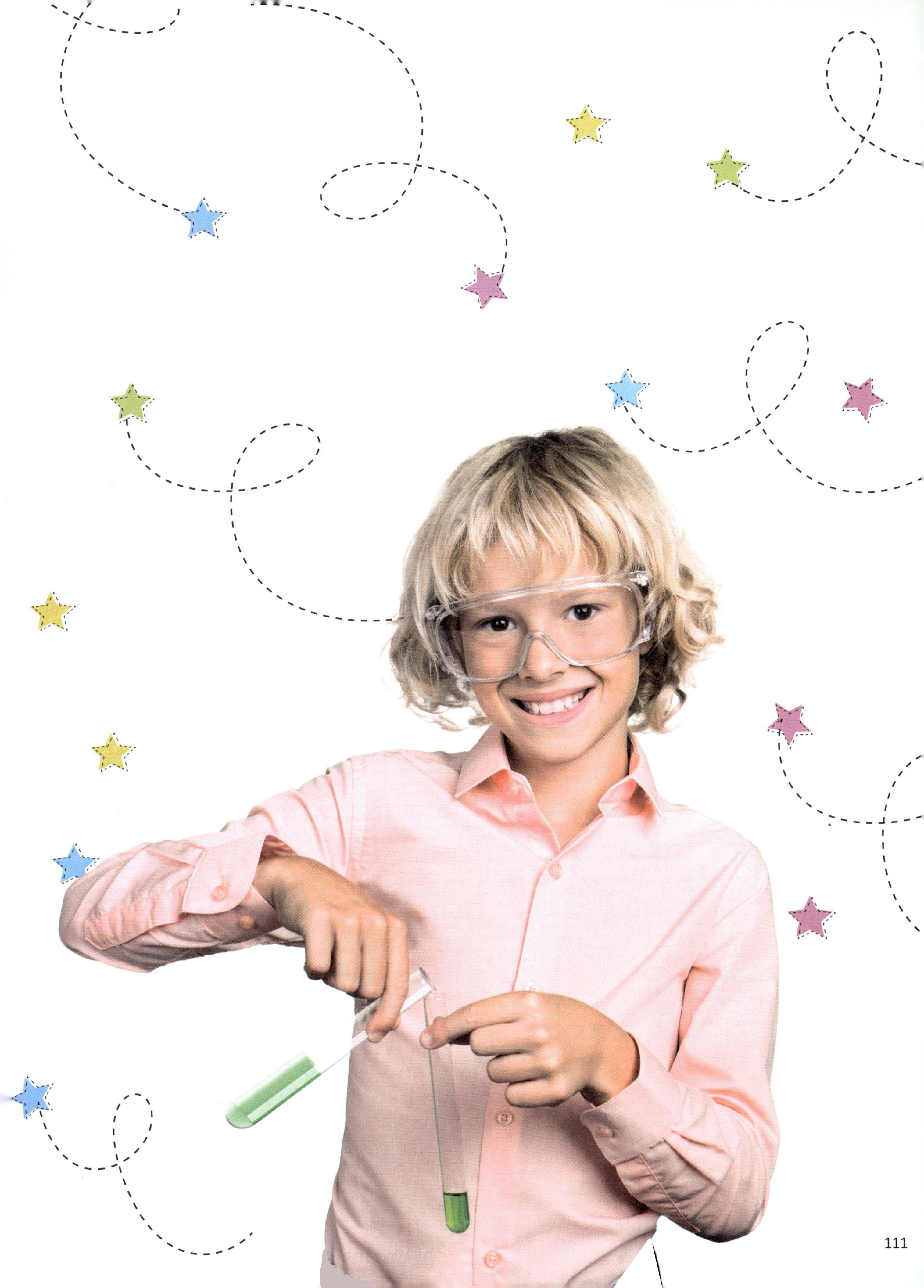

62
PADRÕES DE COR

RELAÇÃO COM A VIDA: IMPRESSÃO COM COR

NÍVEL DE DIFICULDADE

VOCÊ VAI PRECISAR DE:
- TINTAS GUACHE
- UM PINCEL
- UMA PALETA
- UMA FOLHA RETANGULAR DE PAPEL BRANCO ESPESSO
- UM PRATO RASO DE VIDRO
- ÓLEO DE LINHAÇA

1 COLOQUE AS DIFERENTES TINTAS GUACHE SOBRE A PALETA.

2 DESPEJE UM POUCO DE ÓLEO DE LINHAÇA EM CADA COR E MISTURE BEM USANDO UM PINCEL.

3 PEGUE UM PRATO RASO E ENCHA PELA METADE DE ÁGUA. AGORA MERGULHE O PINCEL EM UMA COR E ACRESCENTE AOS POUCOS A TINTA À ÁGUA NO PRATO.

4 DE MODO SIMILAR, ACRESCENTE AS OUTRAS CORES UMA POR UMA. ENTÃO MISTURE GENTILMENTE AS CORES COM O PINCEL PARA CRIAR UM PADRÃO.

5 COLOQUE A FOLHA DE PAPEL BRANCO ESPESSO SOBRE A SUPERFÍCIE DA ÁGUA NO PRATO.

6 REMOVA LENTAMENTE O PAPEL DA ÁGUA E DEIXE-O SECAR EM CIMA DE UMA MESA.

7 QUANDO O PAPEL SECAR VOCÊ PODE VER OS BELOS PADRÕES COLORIDOS NELE.

O STEM POR TRÁS DISSO

QUANDO ACRESCENTAMOS A MISTURA DE COR E ÓLEO AO PRATO, ELE NÃO SE DISSOLVE COM A ÁGUA E FLUTUA NA SUPERFÍCIE.

MAIS TARDE, QUANDO COLOCAMOS A FOLHA DE PAPEL NA ÁGUA, O ÓLEO COLORIDO SE TRANSFERE PARA ELA, FORMANDO BELOS PADRÕES.

63
CONFEITOS COLORIDOS DE CHOCOLATE

RELAÇÃO COM A VIDA: DIFUSÃO E ESTRATIFICAÇÃO AQUÁTICA

NÍVEL DE DIFICULDADE

VOCÊ VAI PRECISAR DE:
- UM PACOTE DE CONFEITOS COLORIDOS DE CHOCOLATE
- UMA XÍCARA DE ÁGUA MORNA
- UM PRATO RASO BRANCO

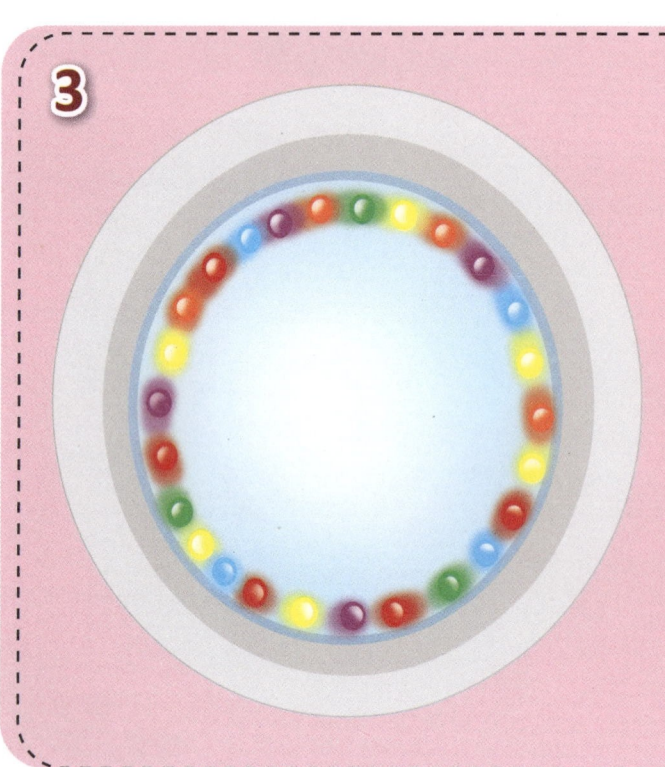

1 PEGUE UM PRATO BRANCO E ARRUME OS CONFEITOS COLORIDOS EM UMA FILEIRA AO REDOR DA BORDA DO PRATO COMO MOSTRADO.

2 DESPEJE COM CUIDADO ÁGUA MORNA NO CENTRO DO PRATO DE MODO QUE TODOS OS CONFEITOS FIQUEM COBERTOS.

3 ESPERE ALGUNS INSTANTES E OBSERVE O QUE ACONTECE.

4

VOCÊ OBSERVARÁ QUE A COR DO CONFEITOS LENTAMENTE SE ESPALHARÁ EM DIREÇÃO AO CENTRO DO PRATO MAS NÃO VÃO SE MISTURAR.

O STEM POR TRÁS DISSO

A COBERTURA DOS CONFEITOS GERALMENTE É FORMADA DE AÇÚCAR E CORANTE ALIMENTÍCIO. QUANDO DESPEJAMOS ÁGUA MORNA NO PRATO, ISSO FAZ O AÇÚCAR E O CORANTE SE DISPERSAREM NA ÁGUA.

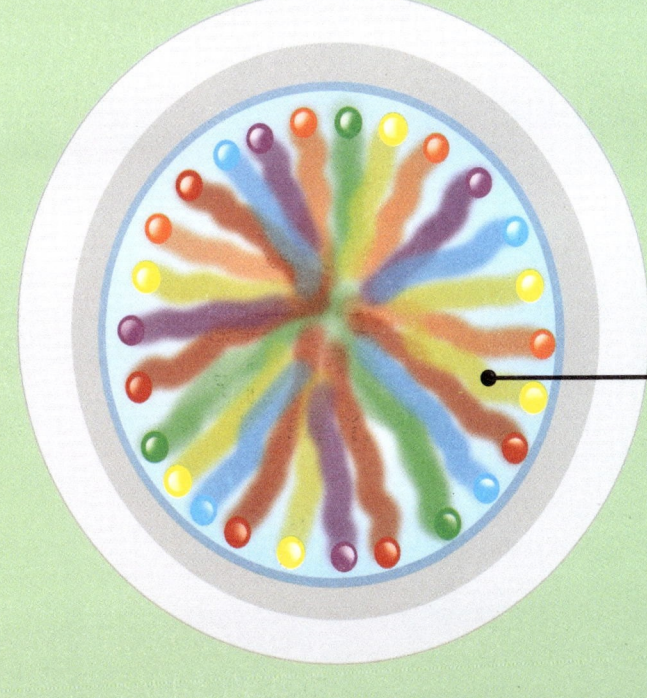

AS CORES NÃO SE MISTURAM POR CAUSA DE UMA PROPRIEDADE CHAMADA DE ESTRATIFICAÇÃO AQUÁTICA. QUANDO OS CORANTES ALIMENTÍCIOS DE DIFERENTES CONFEITOS SE ESPALHAM NA ÁGUA MORNA, ELES CRIAM UMA SOLUÇÃO AQUOSA COM PROPRIEDADES LIGEIRAMENTE DIFERENTES. ISTO EVITA QUE AS CORES SE MISTUREM.

64
FAÇA UM ARCO-ÍRIS
RELAÇÃO COM A VIDA: DENSIDADE

NÍVEL DE DIFICULDADE

VOCÊ VAI PRECISAR DE:
- UM JARRA DE VIDRO ALTA
- CORANTE ALIMENTÍCIO VERMELHO, AZUL E VERDE
- MEL
- ÁGUA
- AZEITE DE OLIVA
- ÁLCOOL ISOPROPÍLICO (PARA ASSEPSIA)
- SABÃO LÍQUIDO AZUL
- UM COPO DE VIDRO TRANSPARENTE
- POTINHOS PARA MISTURAR CORES
- UMA COLHER

1 PEGUE UM POTINHO E DESPEJE NELE ¼ DE XÍCARA DE MEL. DEPOIS ACRESCENTE UMA GOTA DE CORANTE ALIMENTÍCIO VERMELHO E AZUL NA MISTURA E MEXA BEM. VOCÊ AGORA TEM UMA MISTURA PINTADA DE ROXO.

2 DESPEJE A MISTURA ROXA CUIDADOSAMENTE DENTRO DA JARRA ALTA.

3 EM SEGUIDA, DESPEJE LENTAMENTE CERCA DE ¼ DE XÍCARA DE DETERGENTE LÍQUIDO AZUL NA JARRA ALTA.

4 ENTÃO PEGUE UM COPO DE VIDRO E DESPEJE NELE ¼ DE XÍCARA DE ÁGUA. ACRESCENTE ALGUMAS GOTAS DE CORANTE ALIMENTÍCIO VERDE E MISTURE BEM.

5 DESPEJE COM CUIDADO O LÍQUIDO VERDE NA JARRA ALTA DE MODO QUE O LÍQUIDO DESÇA PELA LATERAL DA JARRA. COLOQUE A JARRA NUMA MESA E DEIXE QUE OS LÍQUIDOS ASSENTEM.

6 AGORA INCLINE A JARRA ALTA NOVAMENTE E DESPEJE NELA CERCA DE ¼ DE XÍCARA DE AZEITE DE OLIVA. AS CORES NÃO DEVEM SE MISTURAR.

7 EM SEGUIDA ACRESCENTE ALGUMAS GOTAS DE CORANTE ALIMENTÍCIO VERMELHO A ¼ DE XÍCARA DE ÁLCOOL ISOPROPÍLICO EM UM COPO TRANSPARENTE E MISTURE BEM. DESPEJE COM CUIDADO O LÍQUIDO VERMELHO DENTRO DA JARRA ALTA. DEIXE OS LÍQUIDOS ASSENTAREM. VOCÊ CONSEGUE VER UM ARCO-ÍRIS NA JARRA?

O STEM POR TRÁS DISSO

A DISPOSIÇÃO DOS LÍQUIDOS NA JARRA ALTA SE ASSEMELHA A UM ARCO-ÍRIS DEVIDO À DIFERENÇA NA DENSIDADE DOS LÍQUIDOS.

A ÁGUA, O AZEITE DE OLIVA E O ÁLCOOL SÃO DISPOSTOS EM CAMADAS DO MAIS PESADO AO MAIS LEVE A PARTIR DA BASE, DANDO AO ARCO-ÍRIS SUAS LINHAS DISTINTAS.

O DETERGENTE LÍQUIDO É MAIS LEVE DO QUE O MEL, MAS MAIS PESADO DO QUE O AZEITE DE OLIVA, POR ISSO ASSENTA EM SEGUIDA.

O MEL TEM A DENSIDADE MAIS ELEVADA ENTRE TODOS OS LÍQUIDOS, POR ISSO ELE ASSENTA NA PARTE INFERIOR.

65
FLORES DE CROMATOGRAFIA

RELAÇÃO COM A VIDA: PAPEL DE CROMATOGRAFIA

NÍVEL DE DIFICULDADE

VOCÊ VAI PRECISAR DE:
- FILTRO DE PAPEL
- UM LÁPIS
- TESOURA
- MARCADORES À BASE DE ÁGUA
- FITA ADESIVA
- ÁGUA
- UM COPO MÉDIO DE PLÁSTICO
- UMA TOALHA DE PANO
- UM CANUDO

1 PEGUE UM FILTRO DE PAPEL CIRCULAR E FAÇA UM PADRÃO USANDO MARCADORES À BASE DE ÁGUA. TENTE USAR CORES ESCURAS.

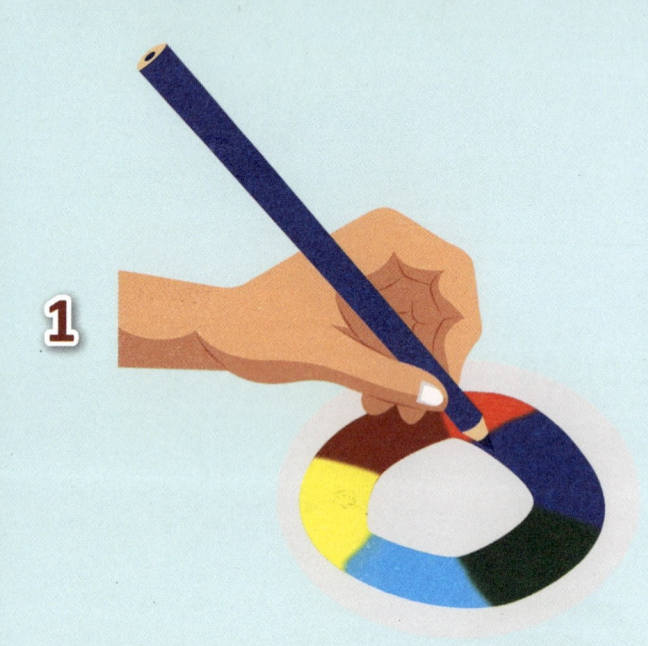

2 PEGUE UM COPO MÉDIO DE PLÁSTICO E DESPEJE NELE UM POUCO DE ÁGUA.

3 COLOQUE O CÍRCULO DO FILTRO DE PAPEL GENTILMENTE DENTRO DO COPO PARA QUE SUA PARTE DO MEIO TOQUE NA ÁGUA. ESPERE CERCA DE CINCO MINUTOS.
VOCÊ VAI ACHAR A TINTA DOS DIFERENTES MARCADORES SE ESPALHANDO NO PAPEL.

4 AGORA RETIRE O FILTRO DE PAPEL COLORIDO DO COPO E COLOQUE-O SOBRE UMA TOALHA PARA SECAR.

5 ASSIM QUE O PAPEL ESTIVER SECO, DOBRE-O EM QUATRO PARTES E RECORTE O TOPO NO FORMATO DE UMA PÉTALA.

6 ABRA O FILTRO DE PAPEL E PRENDA-O A UM CANUDO USANDO FITA ADESIVA.

7 ENROLE O PAPEL EM FORMA DE FLOR E PRENDA-A NA BASE DO CANUDO COM FITA. A SUA FLOR CROMATOGRÁFICA ESTÁ PRONTA.

O STEM POR TRÁS DISSO

A CROMATOGRAFIA EM PAPEL É A TÉCNICA POR TRÁS DISSO. A ÁGUA SOBE PELO FILTRO DE PAPEL DEVIDO A UM PROCESSO CHAMADO DE AÇÃO CAPILAR OU CAPILARIDADE.

À MEDIDA QUE A ÁGUA VAI SUBINDO PELO PAPEL, A TINTA DOS MARCADORES SE DISSOLVE NELA. ESSA TINTA DISSOLVIDA TAMBÉM SE MOVE COM A ÁGUA E SE ESPALHA PELO PAPEL, COLORINDO-O.

66
MUDANÇA DE COR DA ÁGUA

RELAÇÃO COM A VIDA: CORES PRIMÁRIAS E SECUNDÁRIAS

NÍVEL DE DIFICULDADE

VOCÊ VAI PRECISAR DE:
- UM COPO DE VIDRO TRANSPARENTE
- UMA TIGELA DE VIDRO GRANDE
- UMA JARRA
- ÁGUA
- UMA COLHER
- CORANTE ALIMENTÍCIO AMARELO E AZUL

1 PEGUE UM COPO VAZIO E PONHA CERCA DE ¾ DE ÁGUA.

2 ESGUICHE ALGUMAS GOTAS DE CORANTE ALIMENTÍCIO AZUL DENTRO DA ÁGUA. MISTURE O CORANTE ADEQUADAMENTE E RESERVE A MISTURA.

3 EM SEGUIDA, PEGUE UMA JARRA VAZIA E ENCHA-A COM ÁGUA. ACRESCENTE ALGUMAS GOTAS DE CORANTE ALIMENTÍCIO AMARELO E MISTURE TUDO ADEQUADAMENTE.

4 ARRANJE UMA TIGELA DE VIDRO GRANDE. AGORA COM CUIDADO COLOQUE O COPO COM A ÁGUA AZUL NO MEIO DA TIGELA.

5 DESPEJE UM POUCO DE ÁGUA AMARELA DA JARRA NA TIGELA AO REDOR DO COPO. DESPEJE COM CUIDADO PARA QUE A ÁGUA AMARELA NÃO ENTRE NO COPO COM ÁGUA AZUL.

6 AGORA OLHE PELA LATERAL DA TIGELA. VOCÊ VÊ OUTRA COR ALÉM DO AZUL E DO AMARELO?

O STEM POR TRÁS DISSO

A ÁGUA NO COPO PARECE VERDE QUANDO OLHAMOS PELA LATERAL DA TIGELA.

VERMELHO, AMARELO E AZUL SÃO AS CORES PRIMÁRIAS. QUANDO ESSAS TRÊS CORES SÃO COMBINADAS EM QUANTIDADES IGUAIS, FORMAM A LUZ BRANCA. PORÉM, QUANDO COMBINAMOS ESSAS CORES EM QUANTIDADES DIFERENTES, OUTRAS CORES SE FORMAM. ESSAS CORES SE CHAMAM CORES SECUNDÁRIAS.

QUANDO OLHAMOS PARA AS DUAS CORES (AMARELO E AZUL) DE UMA VEZ, AS CORES SE MISTURAM E A ÁGUA PARECE SER VERDE.

QUÍMICA
NA COZINHA

AS NOSSAS COZINHAS SÃO UM LUGAR MANEIRO PARA ESTUDAR CIÊNCIAS. DE FATIAR UMA MAÇÃ A FAZER CALDA DE AÇÚCAR, TUDO NA COZINHA ENVOLVE QUÍMICA. VÁRIOS PROCESSOS COMO AQUECER, CONGELAR, DERRETER, MISTURAR, ETC. ESTÃO ENVOLVIDOS EM VÁRIAS MUDANÇAS QUÍMICAS E FÍSICAS QUE TRANSFORMAM OS INGREDIENTES QUE USAMOS ENQUANTO COZINHAMOS. PODEMOS EXPLORAR MUITO A CIÊNCIA DA COZINHA AO APRENDER SOBRE COMO ESSES PROCESSOS FUNCIONAM.

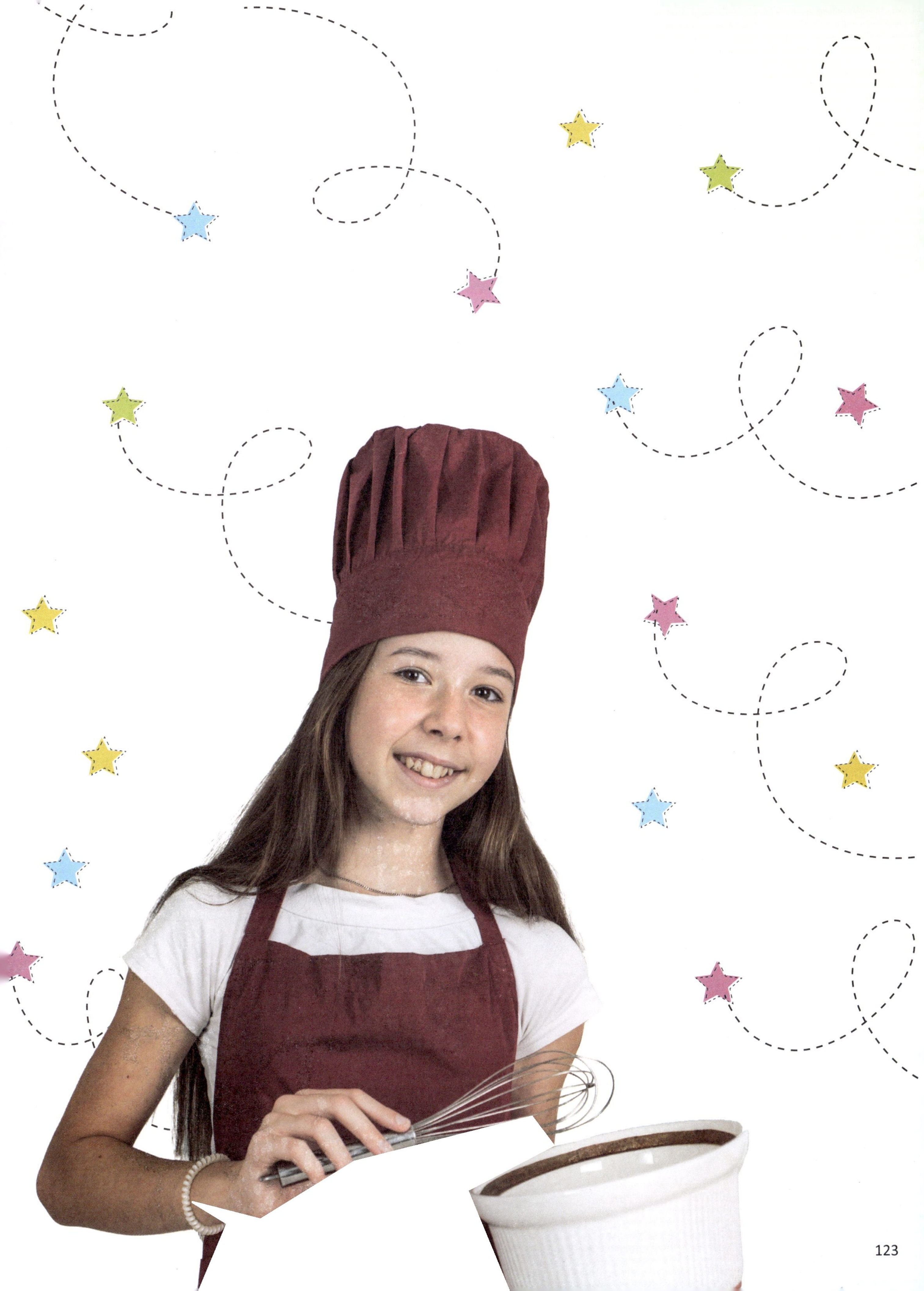

67
FAÇA UMA BOLA QUE QUICA

RELAÇÃO COM A VIDA: POLÍMEROS

NÍVEL DE DIFICULDADE

REQUER SUPERVISÃO DE UM ADULTO

VOCÊ VAI PRECISAR DE:

- DOIS COPOS PLÁSTICOS
- UMA CANETA MARCADOR
- UMA COLHER DE SOPA
- UM COLHER DE CHÁ
- 100 ML DE ÁGUA QUENTE
- 100 G DE AMIDO DE MILHO
- 100 ML DE COLA PVA
- 100 G DE BÓRAX
- CORANTE ALIMENTÍCIO

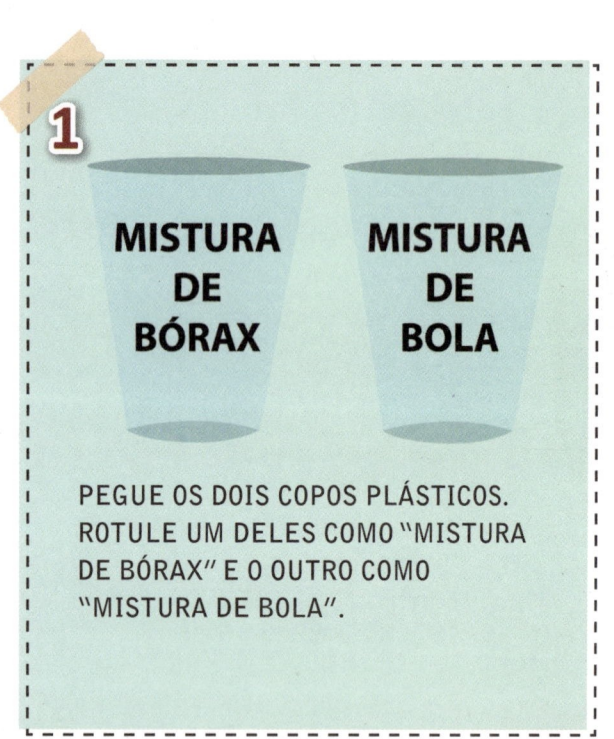

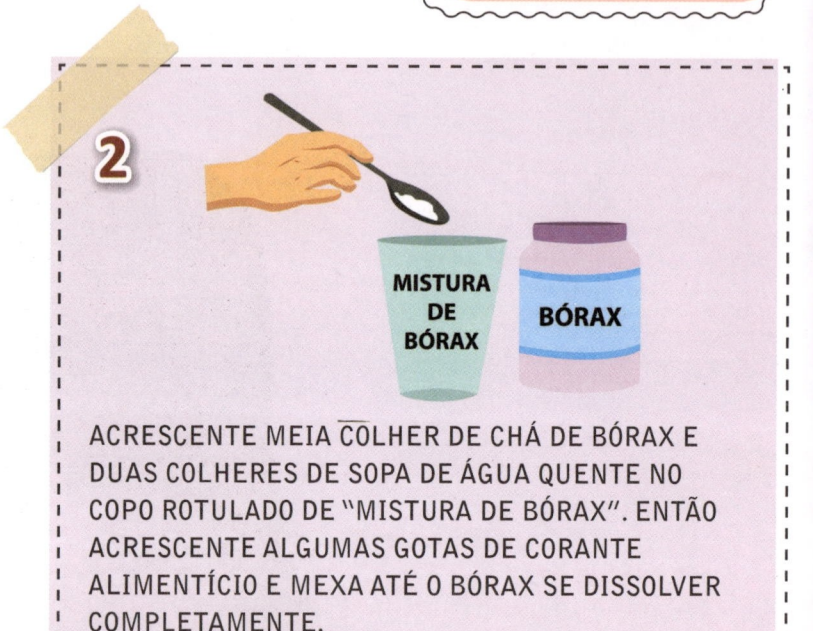

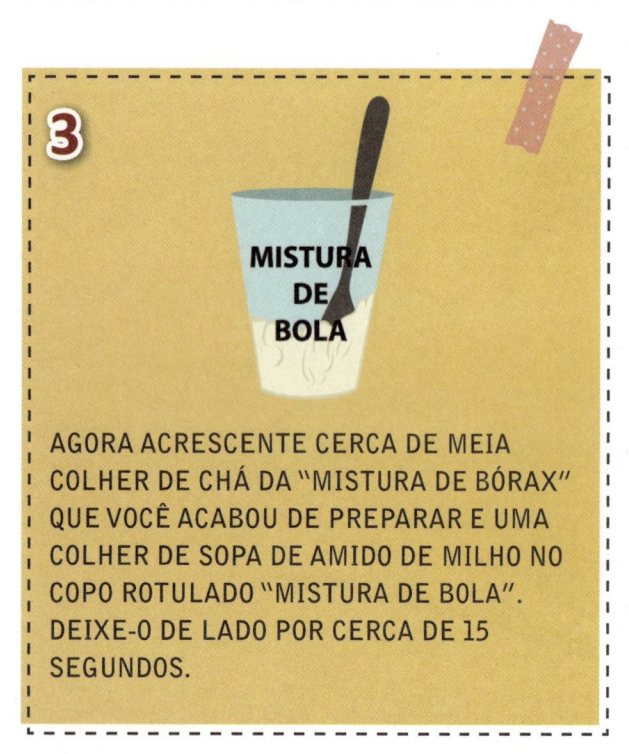

1 PEGUE OS DOIS COPOS PLÁSTICOS. ROTULE UM DELES COMO "MISTURA DE BÓRAX" E O OUTRO COMO "MISTURA DE BOLA".

2 ACRESCENTE MEIA COLHER DE CHÁ DE BÓRAX E DUAS COLHERES DE SOPA DE ÁGUA QUENTE NO COPO ROTULADO DE "MISTURA DE BÓRAX". ENTÃO ACRESCENTE ALGUMAS GOTAS DE CORANTE ALIMENTÍCIO E MEXA ATÉ O BÓRAX SE DISSOLVER COMPLETAMENTE.

3 AGORA ACRESCENTE CERCA DE MEIA COLHER DE CHÁ DA "MISTURA DE BÓRAX" QUE VOCÊ ACABOU DE PREPARAR E UMA COLHER DE SOPA DE AMIDO DE MILHO NO COPO ROTULADO "MISTURA DE BOLA". DEIXE-O DE LADO POR CERCA DE 15 SEGUNDOS.

4 ENTÃO MEXA TOTALMENTE O MATERIAL NO COPO DA "MISTURA DE BOLA" USANDO UMA COLHER.

5

ASSIM QUE A MISTURA FICAR ESPESSA E DIFÍCIL DE MEXER, RETIRE-A COM UMA COLHER E ENROLE-A COM AS MÃOS. AMASSE-A NO FORMATO DE UMA BOLA.

6

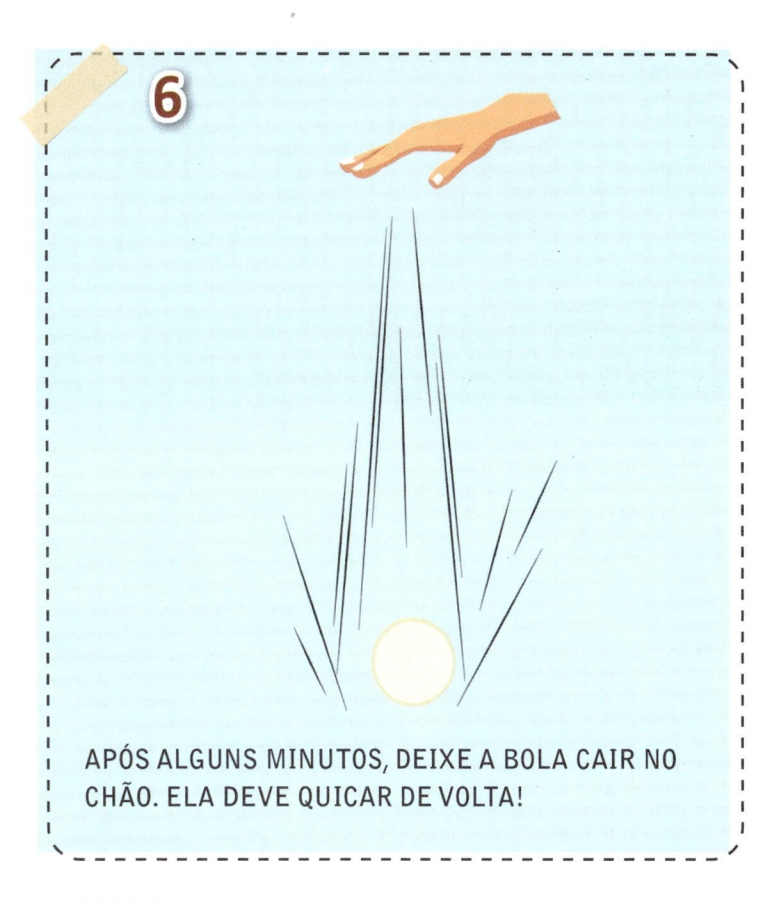

APÓS ALGUNS MINUTOS, DEIXE A BOLA CAIR NO CHÃO. ELA DEVE QUICAR DE VOLTA!

O STEM POR TRÁS DISSO

O ÁLCOOL POLIVINÍLICO É UM POLÍMERO FORMADO DE VÁRIAS UNIDADES REUNIDAS EM LONGAS CADEIAS. ESSAS CADEIAS ESCORREGAM E DESLIZAM UMA PELA OUTRA, O QUE LHE CONFERE UMA ESTRUTURA LÍQUIDA.

QUANDO MISTURADO COM ÁLCOOL POLIVINÍLICO, O BÓRAX AGARRA AS SUAS CADEIAS DE POLÍMEROS E AS UNE.

BÓRAX

QUANDO ACRESCENTAMOS AMIDO DE MILHO À MISTURA E O AMASSAMOS, A SUBSTÂNCIA RESULTANTE FICA MAIS DURA. ELA TOMA A FORMA DE UM SÓLIDO COMBINADO COM UMA GELECA ELÁSTICA! QUANDO SE JOGA A BOLA NO CHÃO, ELA PODE ENTÃO TRANSFERIR A FORÇA DE VOLTA E QUICAR FACILMENTE.

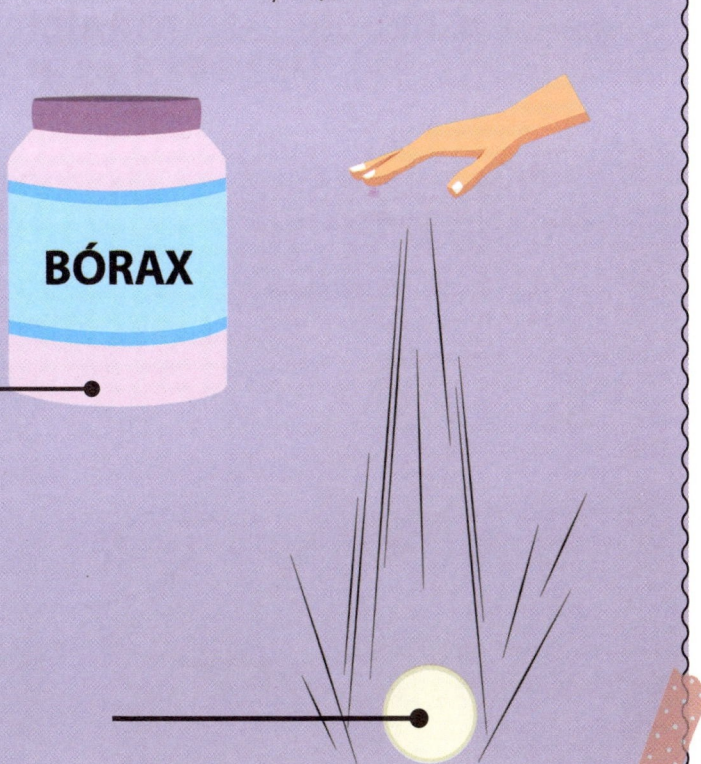

68
LEITE QUE MUDA DE COR

RELAÇÃO COM A VIDA: DIGESTÃO DOS LIPÍDIOS

NÍVEL DE DIFICULDADE

VOCÊ VAI PRECISAR DE:
- LEITE INTEGRAL
- UM PRATO RASO
- COTONETES
- CORANTE ALIMENTÍCIO (VERMELHO, AMARELO, VERDE, AZUL)
- DETERGENTE

1 PEGUE UM PRATO RASO E DESPEJE NELE UM POUCO DE LEITE. DEIXE O LEITE ASSENTAR POR ALGUNS SEGUNDOS.

2 ACRESCENTE UMA GOTA DE CADA CORANTE ALIMENTÍCIO VERMELHO, AMARELO, AZUL E VERDE AO LEITE. CERTIFIQUE-SE DE QUE AS GOTAS ESTEJAM PRÓXIMAS DO CENTRO DO PRATO:

3 PEGUE UM COTONETE LIMPO E COLOQUE COM CUIDADO A SUA PONTA NO CENTRO DO LEITE. NÃO MEXA O LEITE.

4

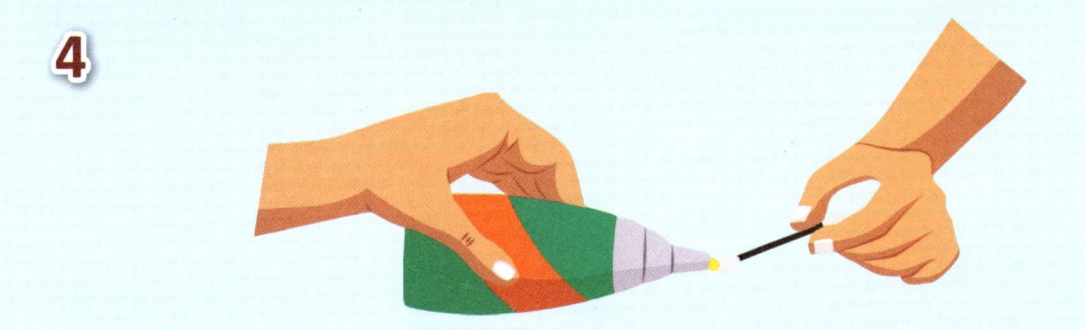

AGORA RETIRE O COTONETE DO LEITE. MERGULHE A OUTRA PONTA DO COTONETE NO DETERGENTE DE MODO QUE APENAS UMA GOTA DELE ESTEJA NO COTONETE.

5

COLOQUE A PONTA COM DETERGENTE DO COTONETE NO CENTRO DO PRATO E SEGURE-O POR CERCA DE 15 SEGUNDOS. VOCÊ VÊ UMA EXPLOSÃO DE COR?

O STEM POR TRÁS DISSO

O LEITE CONTÉM ÁGUA, VITAMINAS, MINERAIS E GORDURAS. QUANDO COLOCAMOS A PONTA COM DETERGENTE DO COTONETE NO LEITE, ELE SEPARA A ÁGUA E A GORDURA NELE. AS MOLÉCULAS DE GORDURA SÃO HIDROFÓBICAS POR NATUREZA, ISTO É, ELAS REPELEM A ÁGUA E SE LIGAM COM AS MOLÉCULAS DO DETERGENTE. ESSES ELOS SÃO TÃO FORTES QUE EMPURRAM O CORANTE ALIMENTÍCIO PARA TODO LADO, RESULTANDO NA EXPLOSÃO DE COR.

69
TRANSFORME LEITE EM PLÁSTICO

RELAÇÃO COM A VIDA: DIGESTÃO DOS LIPÍDIOS

NÍVEL DE DIFICULDADE

REQUER SUPERVISÃO DE UM ADULTO

VOCÊ VAI PRECISAR DE:
- UMA XÍCARA DE LEITE
- VINAGRE BRANCO
- UM BULE OU CHALEIRA DE VIDRO
- UMA CANECA
- UMA COLHER
- PAPEL TOALHA
- UMA BANDEJA RASA
- CORANTE ALIMENTÍCIO
- CORTADORES DE BOLACHA
- FOGAREIRO

1 DESPEJE UMA XÍCARA DE LEITE NUMA CHALEIRA DE VIDRO E AQUEÇA-A NO FOGAREIRO ATÉ FERVER.

2 DESPEJE O LEITE NUMA CANECA. AGORA ACRESCENTE QUATRO COLHERES DE CHÁ DE VINAGRE BRANCO.

3 MEXA COM UMA COLHER. LOGO VOCÊ VERÁ PEDAÇOS BRANCOS (SÓLIDOS) FORMADOS DE LEITE.

4 PENEIRE COM CUIDADO O LÍQUIDO PARA DENTRO DA CHALEIRA COM A AJUDA DE UMA PENEIRA.

5 EM SEGUIDA, COLOQUE 2 A 3 PAPÉIS-TOALHA NUMA BANDEJA. ENTÃO TIRE COM UMA COLHER A MASSA SÓLIDA DA PENEIRA E COLOQUE SOBRE OS PAPÉIS-TOALHA.

6 DOBRE OS PAPÉIS-TOALHA POR CIMA DA MASSA SÓLIDA E PRESSIONE GENTILMENTE PARA ABSORVER O EXCESSO DE LÍQUIDO.

7 ACRESCENTE ALGUMAS GOTAS DE CORANTE ALIMENTÍCIO À MASSA SÓLIDA QUANDO ESTIVER QUASE SECA.

8 AMASSE A MASSA SÓLIDA ATÉ FORMAR UMA BOLA FIRME DE MASSA.

9 ASSIM QUE A MASSA ESTIVER MACIA, DESENROLE-A ATÉ FICAR PLANA. VOCÊ PODE ENTÃO USAR OS CORTADORES DE BISCOITOS PARA FAZER FORMATOS VARIADOS.

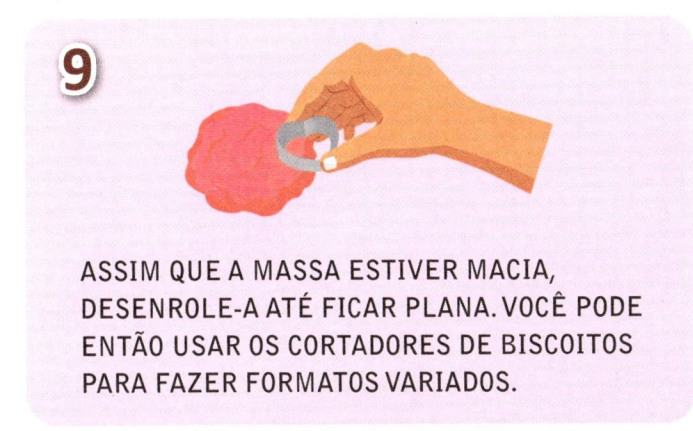

10 DEIXE OS FORMATOS SECAREM POR ALGUNS DIAS. ELES VÃO SE TRANSFORMAR EM PLÁSTICO DURO.

O STEM POR TRÁS DISSO

O LEITE CONTÉM UMA PROTEÍNA CHAMADA CASEÍNA. QUANDO ACRESCENTAMOS VINAGRE AO LEITE QUENTE, ELE COALHOU E SE SEPAROU EM PARTES SÓLIDAS E SORO. ISSO ACONTECE PORQUE AS MOLÉCULAS DA PROTEÍNA DE CASEÍNA SE DESDOBRAM E SE REAGRUPAM EM LONGAS CADEIAS CHAMADAS POLÍMEROS, QUE MAIS TARDE ENDURECEM NA FORMA DE PLÁSTICO.

70
ILUSÃO COM OVO METÁLICO

RELAÇÃO COM A VIDA: FORMAÇÃO DE FULIGEM

NÍVEL DE DIFICULDADE

REQUER SUPERVISÃO DE UM ADULTO

VOCÊ VAI PRECISAR DE:

- UM OVO CRU
- UM SUPORTE COM QUATRO PÉS
- UMA VELA
- PINÇA DE LABORATÓRIO
- JARRA DE VIDRO
- ACENDEDOR DE FOGÃO OU ISQUEIRO

1 PONHA O SUPORTE NUMA MESA E COLOQUE SOBRE ELE UM OVO CRU.

2 ENTÃO COLOQUE UMA VELA DEBAIXO DO OVO E ACENDA-A USANDO UM ACENDEDOR DE FOGÃO.

3 DEIXE O OVO QUEIMAR NA CHAMA POR ALGUM TEMPO.

4 AGORA VIRE O OVO COM CUIDADO NO SUPORTE USANDO A PINÇA DE LABORATÓRIO. FAÇA ISSO UMA OU DUAS VEZES PARA QUE O OVO FIQUE COMPLETAMENTE CHAMUSCADO DE TODOS OS LADOS.

5 ENTÃO PEGUE UMA JARRA DE VIDRO E ENCHA COM ÁGUA.

6 PEGUE O OVO DO SUPORTE COM CUIDADO E COLOQUE DENTRO DA JARRA.

7 OBSERVE O OVO PELA ÁGUA. O OVO NEGRO SE TRANSFORMARÁ EM UM OVO METÁLICO!

O STEM POR TRÁS DISSO

QUANDO COLOCAMOS O OVO SOBRE A CHAMA DA VELA, A CERA NA VELA NÃO QUEIMA COMPLETAMENTE. ISSO RESULTA NA FORMAÇÃO DE FULIGEM, QUE CONSISTE EM CARVÃO, GÁS CARBÔNICO, ÁGUA E PICHE.

A FULIGEM COBRE A SUPERFÍCIE DA CASCA DO OVO. QUANDO SE COLOCA O OVO NA ÁGUA, A CAMADA DE FULIGEM REPELE A ÁGUA NA JARRA. O OVO FICA COBERTO COM UMA FINA CAMADA DE AR QUE REFLETE LUZ E FAZ O OVO PARECER METÁLICO.

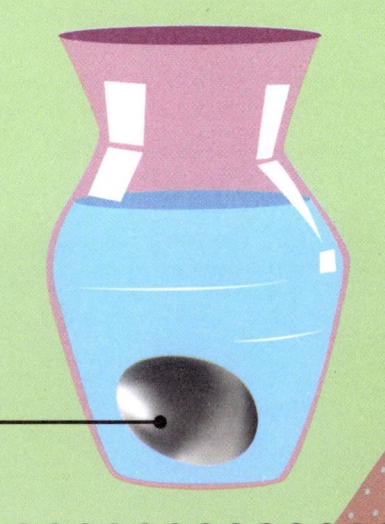

71
PAPEL COM pH CASEIRO

RELAÇÃO COM A VIDA: INDICADORES DE pH

NÍVEL DE DIFICULDADE

REQUER SUPERVISÃO DE UM ADULTO

VOCÊ VAI PRECISAR DE:
- UMA XÍCARA DE AMORAS
- ¼ DE XÍCARA DE ÁGUA
- DETERGENTE
- VINAGRE
- UMA TIGELA PEQUENA
- DOIS COPOS
- TESOURA
- PAPEL BRANCO ESPESSO
- PAPEL TOALHA
- SACOLAS *ZIPLOCK*

1 PEGUE UMA SACOLA *ZIPLOCK* E COLOQUE LÁ DENTRO ALGUMAS AMORAS.

2 FECHE O LACRE DA SACOLA E AMASSE AS AMORAS ATÉ QUE FIQUEM COMPLETAMENTE ESMAGADAS.

3 AGORA ABRA A SACOLA *ZIPLOCK* E ACRESCENTE UM POUCO DE ÁGUA ÀS AMORAS. ISSO É SÓ PARA DILUIR O SUCO.

4 AGITE A SACOLA DUAS OU TRÊS VEZES E ENTÃO DESPEJE O SUCO DE AMORA EM UMA TIGELA. RESERVE-O.

5 EM SEGUIDA, RECORTE ALGUMAS TIRINHAS DE UM PAPEL BRANCO ESPESSO.

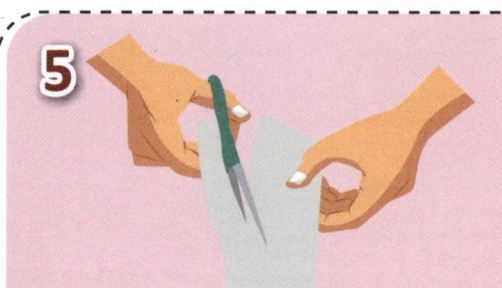

6 MERGULHE ESSAS TIRINHAS NA TIGELA DE MINGAU DE AMORA DE MODO QUE FIQUEM IMPREGNADAS COM O SUCO. RETIRE AS TIRINHAS E REMOVA QUALQUER SUCO EM EXCESSO.
COLOQUE ESSAS TIRINHAS SOBRE O PAPEL TOALHA E DEIXE-AS SECAR.

7 PEGUE DOIS COPOS PEQUENOS. DESPEJE UM POUCO DE VINAGRE EM UM COPO E UMA MISTURA DE ÁGUA E DETERGENTE NO OUTRO.

8 AGORA MERGULHE METADE DA TIRINHA DO PAPEL DE AMORA NOS COPOS CONTENDO VINAGRE E A SOLUÇÃO COM DETERGENTE. AGUARDE POR 5 MINUTOS. VOCÊ PERCEBEU UMA MUDANÇA NA COR DA FAIXA?

9 RETIRE AS FAIXAS DE PAPEL DE AMORA DOS COPOS E COLOQUE-OS SOBRE UM PEDAÇO DE PAPEL TOALHA PARA SECAR.

O STEM POR TRÁS DISSO

A TIRINHA DE PAPEL DE AMORA QUE FIZEMOS É UM INDICADOR DE pH. AMORAS, MORANGOS E MIRTILOS CONTÊM UM PIGMENTO CHAMADO ANTOCIANINA QUE SE DISSOLVE NA ÁGUA. ESSE PIGMENTO MUDA DE COR EM RESPOSTA A MUDANÇA DOS NÍVEIS DE pH E PODE SER USADO PARA TESTAR OS NÍVEIS DE pH DE DIFERENTES SUBSTÂNCIAS.

QUANDO MERGULHAMOS A FAIXA DE PAPEL DE AMORA NO VINAGRE, ELA FICA VERMELHO ROSADO. QUANDO É MERGULHADA NA SOLUÇÃO COM DETERGENTE, ELA FICA ROXA ESCURA.

72
INDICADOR DE pH COM SUCO DE REPOLHO

RELAÇÃO COM A VIDA: ÁCIDOS E BASES

NÍVEL DE DIFICULDADE

REQUER SUPERVISÃO DE UM ADULTO

VOCÊ VAI PRECISAR DE:
- REPOLHO ROXO
- UMA JARRA TRANSPARENTE
- 8 A 10 COPOS TRANSPARENTES
- ÁGUA
- PENEIRA
- UM PEDAÇO DE PAPEL BRANCO
- SUBSTÂNCIAS DE TESTE *BICARBONATO DE SÓDIO, SUCO DE LIMÃO, DESINFETANTE DE MÃO, SOLUÇÃO DE AÇÚCAR, BEBIDA CARBONATADA, ALVEJANTE (ÁGUA SANITÁRIA), ÁGUA E VINAGRE*

1 COM A AJUDA DE UM ADULTO, CORTE UMA PORTÃO DO REPOLHO ROXO EM FATIAS FINAS.

2 COLOQUE ESSAS FATIAS DO REPOLHO EM UM LIQUIDIFICADOR E COLOQUE UM POUCO DE ÁGUA.

3 LIGUE O LIQUIDIFICADOR PARA TRITURAR O REPOLHO COM A ÁGUA ATÉ OBTER UM SUCO DE REPOLHO ROXO AVERMELHADO.

4 PENEIRE O SUCO DE REPOLHO EM UMA JARRA TRANSPARENTE.

5 ACRESCENTE UM POUCO DE ÁGUA EM UM COPO TRANSPARENTE. AGORA ACRESCENTE UM POUCO DE AÇÚCAR NA ÁGUA.

6 MEXA A ÁGUA COM UMA COLHER. ESTA É A SUA SOLUÇÃO DE AÇÚCAR.

7 DE MANEIRA SIMILAR, PREPARE SOLUÇÕES DIFERENTES ACRESCENTANDO AS SUAS SUBSTÂNCIAS DE TESTE NOS COPOS TRANSPARENTES. COLOQUE-OS EM ORDEM.

8 AGORA DESPEJE UM POUCO DE SUCO DE REPOLHO EM CADA COPO, UM POR UM.

9 PERCEBA A MUDANÇA DE COR DE CADA SOLUÇÃO. ALGUMAS DELAS SE TRANSFORMAM EM TONS DE VERMELHO ENQUANTO OUTRAS MUDAM PARA TONS DE VERDE. POR QUE ISSO ACONTECE?

O STEM POR TRÁS DISSO

O SUCO DE REPOLHO ROXO É UM INDICADOR DE pH. ELE MUDA A COR QUANDO ENTRA EM CONTATO COM UM ÁCIDO OU UMA BASE.

TODAS AS BASES VÃO MUDAR PARA TONS DE VERDE QUANDO MISTURADAS AO SUCO DE REPOLHO.

TODOS OS ÁCIDOS VÃO MUDAR PARA TONS DE VERMELHO.

QUANTO MAIS ESCURO FOR O TOM, MAIOR A CONCENTRAÇÃO DO ÁCIDO OU BASE.

73
SORVETE EM UM SACO
RELAÇÃO COM A VIDA: DEPRESSÃO DO PONTO DE CONGELAMENTO

NÍVEL DE DIFICULDADE

REQUER SUPERVISÃO DE UM ADULTO

VOCÊ VAI PRECISAR DE:
- UMA XÍCARA DE LEITE INTEGRAL
- UMA XÍCARA DE CREME DE LEITE FRESCO OU NATA FRESCA
- EXTRATO DE BAUNILHA
- DUAS COLHERES DE CHÁ DE AÇÚCAR
- CORANTE ALIMENTÍCIO
- CUBOS DE GELO
- SAL
- SACOS ZIPLOCK PEQUENOS
- SACOS ZIPLOCK GRANDES
- UMA JARRA (MORINGA)
- UM JARRO
- UMA COLHER
- LUVAS DE INVERNO

1 DESPEJE UMA XÍCARA DE LEITE INTEGRAL NUMA JARRA GRANDE.

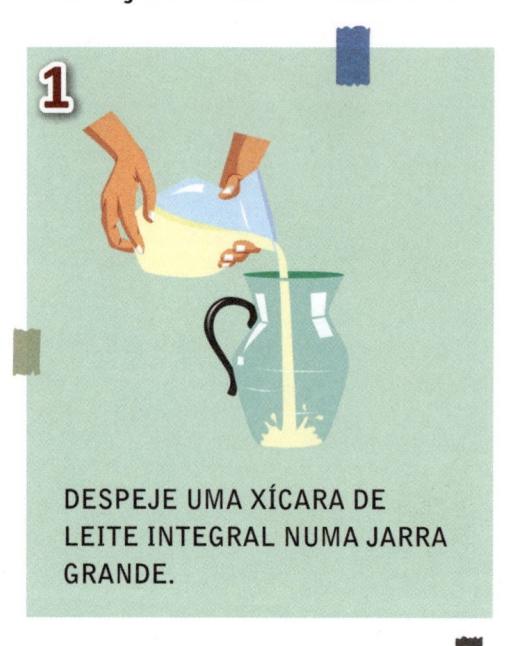

2 ACRESCENTE UMA XÍCARA DE CREME DE LEITE FRESCO OU NATA FRESCA, DUAS COLHERES DE CHÁ DE AÇÚCAR, ALGUMAS GOTAS DE EXTRATO DE BAUNILHA E CORANTE ALIMENTÍCIO.

3 MEXA A MISTURA COM UMA COLHER.

4 AGORA, DESPEJE CUIDADOSAMENTE A MISTURA EM UM SACO ZIPLOCK PEQUENO E FECHE-O COMPLETAMENTE.

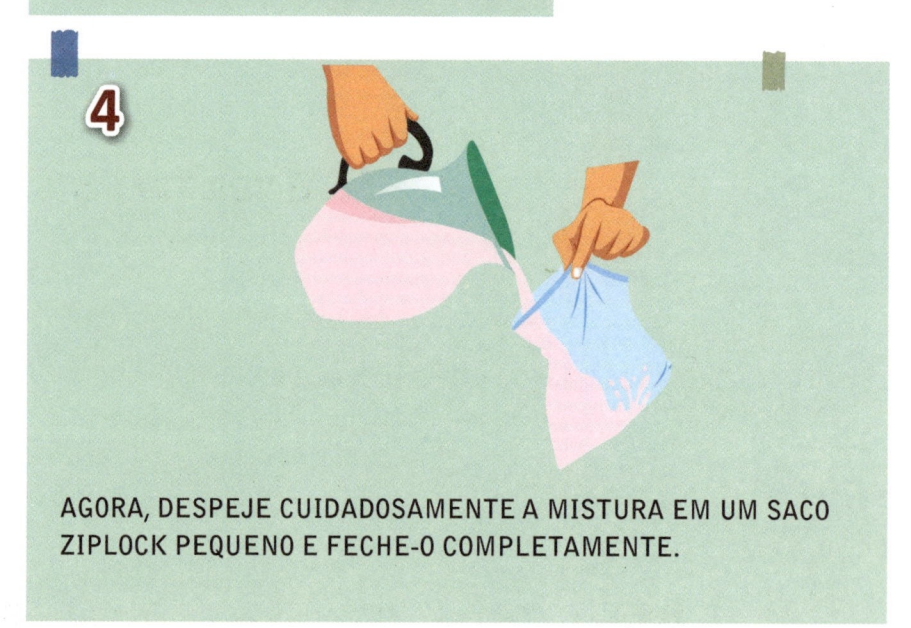

5 PEGUE UM SACO ZIPLOCK GRANDE E COLOQUE 8 A 10 CUBOS DE GELO LÁ DENTRO. CUBRA O GELO COM UM PUNHADO PEQUENO DE SAL.

6 COLOQUE O SACO ZIPLOCK PEQUENO COM A MISTURA DENTRO DO SACO ZIPLOCK MAIOR COMO MOSTRADO. ACRESCENTE MAIS GELO E SAL ATÉ QUE O SACO ESTEJA QUASE CHEIO.

7 FECHE BEM O ZÍPER DO SACO GRANDE DE ZIPLOCK. AGORA COLOQUE AS SUAS LUVAS DE INVERNO E O AGITE PARA FRENTE E PARA TRÁS POR CERCA DE 5 A 7 MINUTOS.

8 ABRA O SACO ZIPLOCK GRANDE E RETIRE O SACO ZIPLOCK MENOR. ELE ESTÁ CHEIO DE SORVETE? PEGUE UMA COLHERADA E APROVEITE!

O STEM POR TRÁS DISSO

QUANDO ACRESCENTAMOS SAL AO GELO NO SACO ZIPLOCK GRANDE, ISSO ABAIXA O PONTO DE CONGELAMENTO DO GELO EM ALGUNS GRAUS. ISSO QUER DIZER QUE O GELO COMEÇARÁ A DERRETER MAIS DEPRESSA DO QUE GERALMENTE ACONTECE. A FIM DE O GELO DERRETER MAIS ELE PRECISA DE CALOR, QUE NESTE CASO É ABSORVIDO DOS INGREDIENTES DO SORVETE NO SACO ZIPLOCK PEQUENO.

74
SEPARANDO CLARAS E GEMAS DE OVO

RELAÇÃO COM A VIDA: PRESSÃO DO AR

NÍVEL DE DIFICULDADE

REQUER SUPERVISÃO DE UM ADULTO

VOCÊ VAI PRECISAR DE:
- UM OVO CRU
- UMA GARRAFA PLÁSTICA VAZIA (DE PREFERÊNCIA UMA GARRAFA D'ÁGUA)
- UM PRATO

1 QUEBRE UM OVO DENTRO DE UM PRATO COM CUIDADO PARA QUE A GEMA NÃO SE ROMPA.

2 PEGUE UMA GARRAFA PLÁSTICA VAZIA E RETIRE A TAMPA. COLOQUE UMA MÃO NA BOCA DA GARRAFA E APERTE-A LEVEMENTE NO MEIO DA GARRAFA COM A OUTRA MÃO. TENHA CUIDADO PARA NÃO A APERTAR DEMAIS.

3 SEGURE A GARRAFA NA POSIÇÃO COMPRIMIDA SEM RETIRAR A SUA MÃO DA BOCA DA GARRAFA.

4 LEVE A GARRAFA PARA PERTO DO PRATO E TOQUE A BOCA DA GARRAFA NA GEMA DO OVO. SOLTE COM CUIDADO O APERTO NA GARRAFA.

5 A GEMA DO OVO É SUGADA PARA DENTRO DA GARRAFA E A CLARA DO OVO É DEIXADA NO PRATO.

O STEM POR TRÁS DISSO

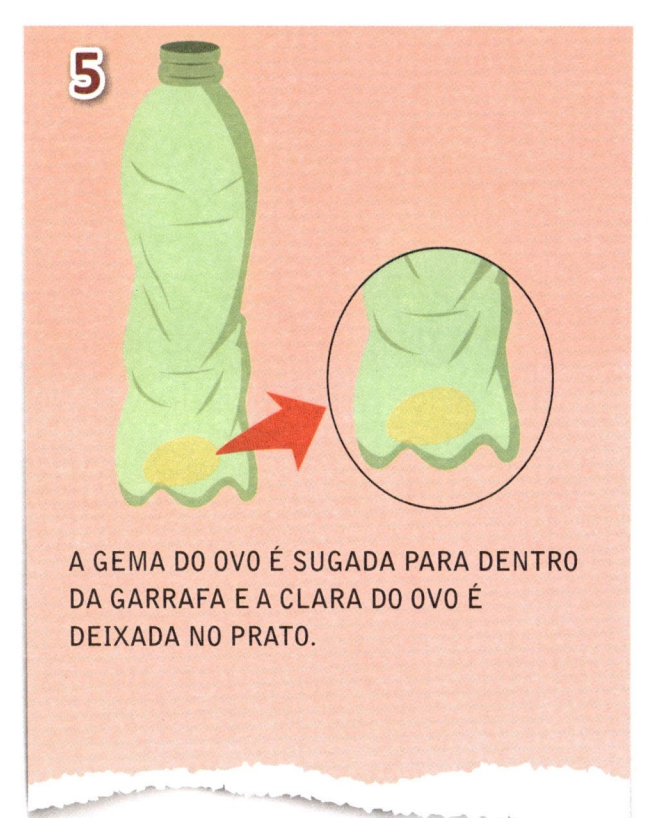

QUANDO APERTAMOS A GARRAFA PLÁSTICA VAZIA A PRESSÃO DO AR LÁ DENTRO DIMINUI.

QUANDO LIBERAMOS O APERTO NA GARRAFA, O AR ENTRA DEPRESSA DE VOLTA NA GARRAFA SUGANDO A GEMA PARA DENTRO.

A GEMA SE SEPARA FACILMENTE DA CLARA DO OVO POR CAUSA DA DIFERENÇA DE SUA VISCOSIDADE.

75
BALINHA EM UM POTE

RELAÇÃO COM A VIDA: SOLUÇÕES

NÍVEL DE DIFICULDADE

REQUER SUPERVISÃO DE UM ADULTO

VOCÊ VAI PRECISAR DE:
- UMA PANELA
- UM ESPETINHO DE MADEIRA
- ÁGUA
- 2 A 3 XÍCARAS DE AÇÚCAR
- UMA JARRA DE VIDRO
- UMA COLHER DE PAU PARA MEXER
- CORANTE ALIMENTÍCIO
- TESOURA
- PREGADOR DE ROUPA
- UM PRATO

1 DESPEJE CERCA DE 250 ML DE ÁGUA EM UMA PANELA E COLOQUE-A PARA FERVER.

2 ACRESCENTE CERCA DE 3 XÍCARAS DE AÇÚCAR NESTA ÁGUA QUENTE E MEXA ATÉ FORMAR UMA MISTURA GROSSA. CONTINUE ACRESCENTANDO MAIS AÇÚCAR E MEXENDO A CADA VEZ ATÉ QUE NENHUM AÇÚCAR SE DISSOLVA MAIS NA ÁGUA.

3 ACRESCENTE CORANTE ALIMENTÍCIO À MISTURA E MEXA. AGORA DEIXE ESFRIAR.

4 EM SEGUIDA, CORTE UM ESPETINHO DE MADEIRA USANDO A TESOURA.

5 COLOQUE UM POUCO DE AÇÚCAR NUM PRATO. MERGULHE O ESPETINHO NA ÁGUA E ENROLE-O NO AÇÚCAR. DEIXE O ESPETO AÇUCARADO SECAR POR UNS INSTANTES.

6 ASSIM QUE A GROSSA MISTURA DE AÇÚCAR TIVER RESFRIADO, DESPEJE-A EM UM POTE DE VIDRO. AGORA FIXE UM PREGADOR DE ROUPAS NO ESPETINHO RECOBERTO COM AÇÚCAR E COLOQUE-O NO POTE PARA QUE ELE FIQUE PENDURADO DENTRO DO POTE, COMO MOSTRADO.

7 COLOQUE O POTE EM ALGUM LUGAR EM QUE ELE NÃO SEJA MEXIDO.

8 AGUARDE POR VOLTA DE 5 A 7 DIAS. OBSERVE AS MUDANÇAS NA MISTURA TODO DIA, MAS NÃO MEXA. VOCÊ VERÁ CRISTAIS CRESCENDO NO ESPETINHO. A SUA BALINHA AÇUCARADA ESTÁ PRONTA!

O STEM POR TRÁS DISSO

QUANDO ACRESCENTAMOS AÇÚCAR À ÁGUA, ESQUENTAMOS E MEXEMOS, UMA SOLUÇÃO SUPERSATURADA SE FORMA. UMA MISTURA ASSIM TEM MAIS PARTÍCULAS DE SOLVENTE DISSOLVIDAS DO QUE ELE (O SOLVENTE) CONSEGUE ARMAZENAR.
A ÁGUA RETÉM TANTO AÇÚCAR PORQUE ESTÁ QUENTE.

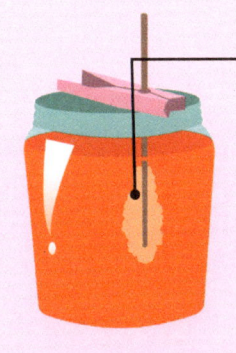

À MEDIDA QUE A ÁGUA RESFRIA, AS PARTÍCULAS DE AÇÚCAR 'SAEM' DA MISTURA. ELAS ENTÃO SE CONECTAM COM AS PARTÍCULAS DE AÇÚCAR NO ESPETINHO (QUE ATUA COMO CRISTAIS DE SEMENTE) E SE TORNAM UMA BALINHA AÇUCARADA!

EXPERIMENTOS COM ENERGIA

A ENERGIA É A HABILIDADE DE REALIZAR TRABALHO. ELA FAZ TUDO ACONTECER. POR EXEMPLO, ANDAR DE BICICLETA, LER, COMER, ACENDER LÂMPADAS, IMPULSIONAR VEÍCULOS, AQUECER CASAS E VÁRIAS OUTRAS TAREFAS.

A MAIOR PARTE DA ENERGIA NA TERRA VEM DO SOL NA FORMA DE CALOR E LUZ. A ENERGIA EXISTE EM DIFERENTES FORMAS COMO O SOM, A LUZ, O CALOR E A ELETRICIDADE. A ENERGIA NÃO PODE SER CRIADA E NEM DESTRUÍDA. ELA SÓ SE MODIFICA DE UMA FORMA PARA OUTRA.

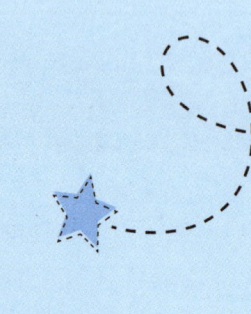

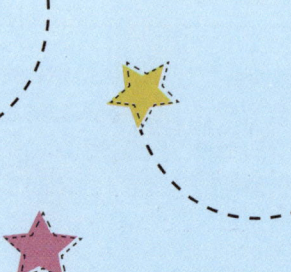

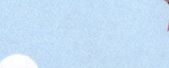

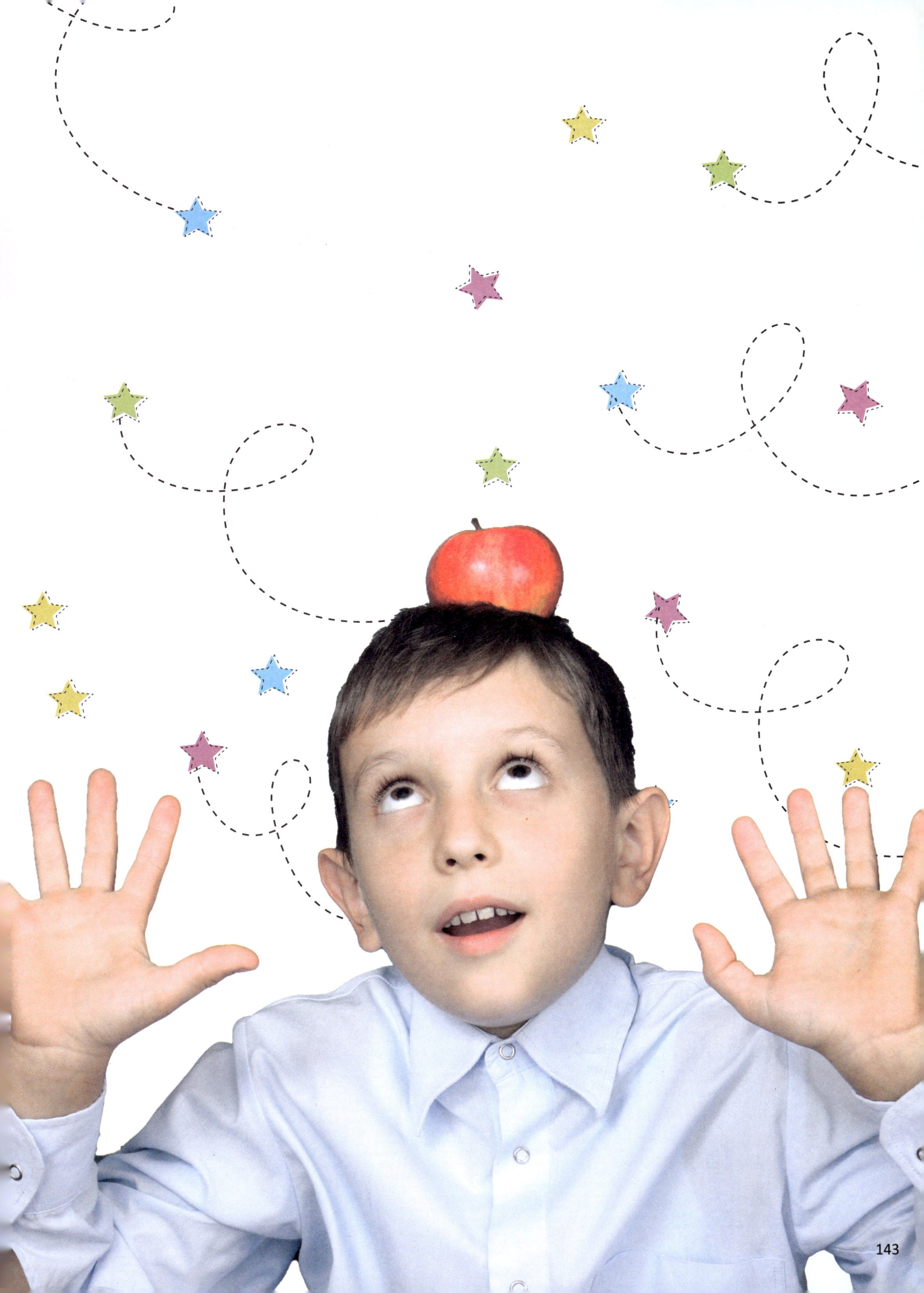

76
AEROBARCO DE BALÃO

RELAÇÃO COM A VIDA: TERCEIRA LEI DE MOVIMENTO DE NEWTON

NÍVEL DE DIFICULDADE

REQUER SUPERVISÃO DE UM ADULTO

VOCÊ VAI PRECISAR DE:
- UM CD DESCARTÁVEL
- UM BALÃO GRANDE
- PISTOLA DE COLA QUENTE
- TESOURA
- TAMPA DE GARRAFA DE SILICONE (COM BOCAL AJUSTÁVEL)

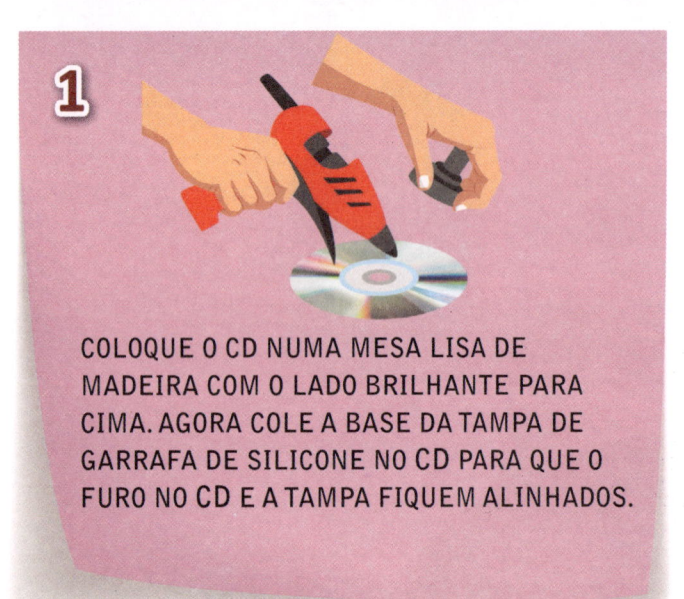

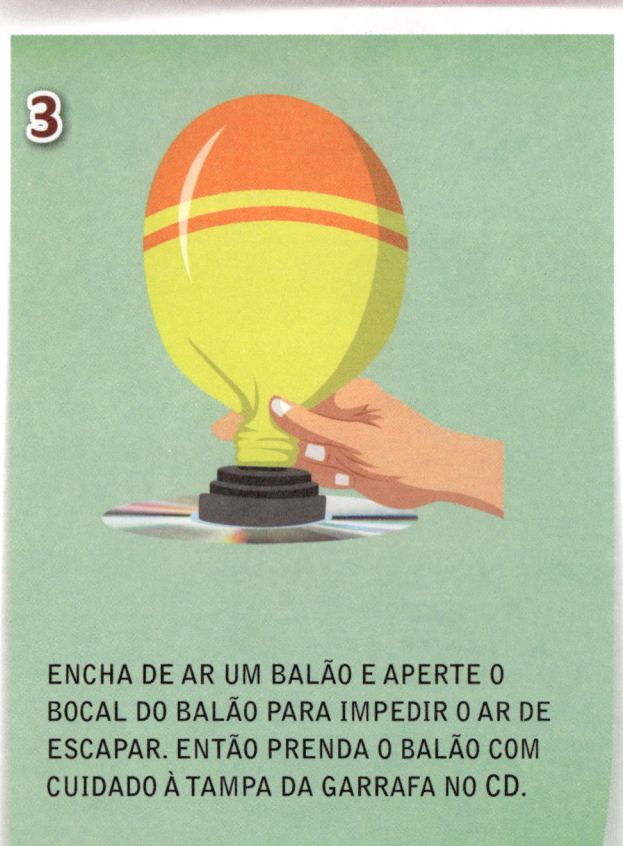

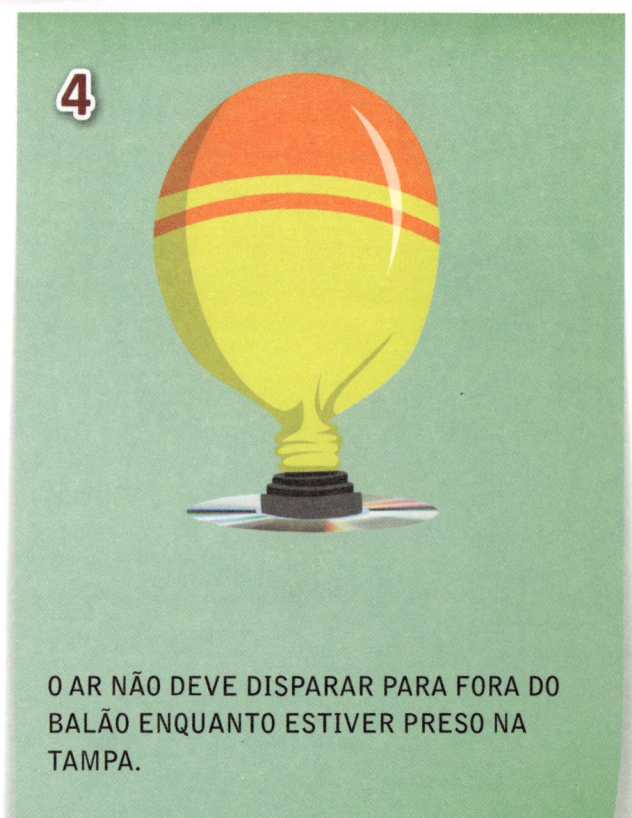

1 COLOQUE O CD NUMA MESA LISA DE MADEIRA COM O LADO BRILHANTE PARA CIMA. AGORA COLE A BASE DA TAMPA DE GARRAFA DE SILICONE NO CD PARA QUE O FURO NO CD E A TAMPA FIQUEM ALINHADOS.

2 DEIXE A COLA SECAR E SE ACOMODAR ADEQUADAMENTE. DEPOIS APERTE A TAMPA DA GARRAFA PARA BAIXO PARA QUE A VÁLVULA SE FECHE DENTRO DA TAMPA.

3 ENCHA DE AR UM BALÃO E APERTE O BOCAL DO BALÃO PARA IMPEDIR O AR DE ESCAPAR. ENTÃO PRENDA O BALÃO COM CUIDADO À TAMPA DA GARRAFA NO CD.

4 O AR NÃO DEVE DISPARAR PARA FORA DO BALÃO ENQUANTO ESTIVER PRESO NA TAMPA.

5 ABRA A TAMPA DA GARRAFA, DESENROSQUE O BALÃO E EMPURRE UM POUQUINHO O CD. VUUUUPT! VOCÊ PODE VER O AEROBARCO DE BALÃO DESLIZAR NA MESA.

O STEM POR TRÁS DISSO

QUANDO ABRIMOS A TAMPA DA GARRAFA, O AR DO BALÃO DISPARA PARA BAIXO PELO FURO NO CD E EMPURRA CONTRA A MESA. ISSO REDUZ O ATRITO ENTRE O CD E A MESA E AO MESMO TEMPO CRIA UMA FORÇA ASCENDENTE OPOSTA.

DEVIDO AO FORMATO CIRCULAR DO CD, ESSA FORÇA É ESPALHADA IGUALMENTE AO LONGO DA BASE DO AEROBARCO. E ASSIM O AEROBARCO DESLIZA NA MESA.

77
MOEDA RODOPIANTE

RELAÇÃO COM A VIDA: FORÇA CENTRÍPETA

NÍVEL DE DIFICULDADE

VOCÊ VAI PRECISAR DE:
- UM BALÃO TRANSPARENTE
- UMA MOEDA OU UMA PORCA SEXTAVADA

1 INSIRA UMA MOEDA PELA BOCA DE UM BALÃO MURCHO. CERTIFIQUE-SE DE QUE A MOEDA ESTEJA TOTALMENTE DENTRO DO CORPO DO BALÃO PARA EVITAR QUALQUER PERIGO DE INGERI-LA AO ENCHÊ-LO COM AR.

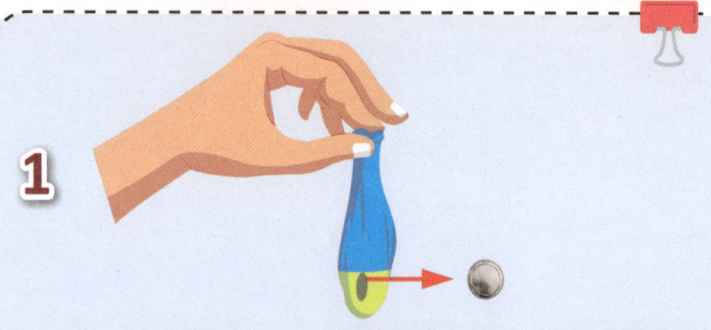

2 PEÇA A UM ADULTO PARA ENCHER O BALÃO E AMARRÁ-LO COM UM NÓ NO ALTO.

3 SEGURE O BALÃO NA PONTA INFERIOR, COMO MOSTRADO. ENTÃO GIRE-O EM UM MOVIMENTO RÁPIDO E CIRCULAR. LOGO VOCÊ VERÁ A MOEDA GIRANDO DENTRO DAS PAREDES DO BALÃO. ELA PODERIA CONTINUAR A RODOPIAR POR CERCA DE 20 A 30 SEGUNDOS. VOCÊ CONSEGUE OUVIR MUITO BARULHO ENQUANTO ELA RODOPIA?

O STEM POR TRÁS DISSO

QUANDO MOVEMOS O BALÃO EM UM MOVIMENTO CIRCULAR, A MOEDA ESCALA O INTERIOR DO BALÃO.

O FORMATO DO BALÃO CRIA UMA TRAJETÓRIA CIRCULAR PARA A MOEDA SE MOVER. ISSO PERMITE À MOEDA GIRAR SOBRE A SUA BORDA ENQUANTO EM MOVIMENTO DEVIDO À FORÇA CENTRÍPETA – UMA FORÇA QUE PUXA OBJETOS EM DIREÇÃO AO CENTRO EM UM MOVIMENTO CIRCULAR.

78
LIVROS INSEPARÁVEIS

RELAÇÃO COM A VIDA: FORÇA DE ATRITO

NÍVEL DE DIFICULDADE

VOCÊ VAI PRECISAR DE:
- DOIS CADERNOS COM ESPIRAL *(DE MESMO TAMANHO E COM O MESMO NÚMERO DE PÁGINAS)*
- UM AMIGO

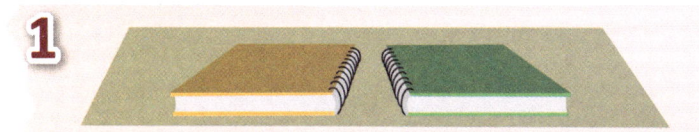

1 COLOQUE OS DOIS CADERNOS DE MESMO TAMANHO SOBRE UMA MESA DE MODO QUE AS ENCADERNAÇÕES FIQUEM VOLTADAS PARA O INTERIOR.

2 SOBREPONHA AS SUAS CAPAS, COMO MOSTRADO.

3 COM CUIDADO, COLOQUE PÁGINAS DE CADA CADERNO UMA SOBRE A OUTRA PARA ENTRELAÇÁ-LAS.

4 CONTINUE FAZENDO ASSIM ATÉ QUE OS CADERNOS ESTEJAM TOTALMENTE ENTRELAÇADOS.

5 PEÇA A UM AMIGO PARA SEGURAR UM DOS CADERNOS PEGANDO NA ENCADERNAÇÃO, ENQUANTO VOCÊ SEGURA O OUTRO. AGORA PUXE OS CADERNOS E TENTE SEPARÁ-LOS. É DIFÍCIL! CERTO?

O STEM POR TRÁS DISSO

É O ATRITO QUE MANTÉM OS LIVROS JUNTOS FEITO COLA!

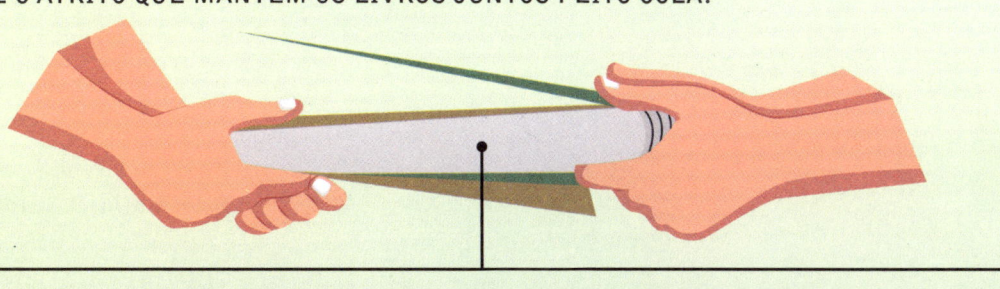

QUANDO PUXAMOS OS CADERNOS, CADA FOLHA DE PAPEL PRODUZ UMA PEQUENA FORÇA DE ATRITO, QUE MAL SE CONSEGUE NOTAR. PORÉM, ESTA FORÇA É MULTIPLICADA DEVIDO AO NÚMERO DE PÁGINAS NOS CADERNOS E ACABAMOS COM UMA FORÇA CONSISTENTE QUE NOS IMPEDE DE SEPARAR OS CADERNOS.

147

79
A INÉRCIA DA QUEDA DO OVO

RELAÇÃO COM A VIDA: A PRIMEIRA LEI DE MOVIMENTO DE NEWTON

NÍVEL DE DIFICULDADE

VOCÊ VAI PRECISAR DE:
- UM OVO GRANDE
- UM ROLO DE PAPELÃO *(UM ROLO DE PAPEL HIGIÊNICO)*
- UMA MINIASSADEIRA REDONDA
- ÁGUA
- UM COPO GRANDE DE VIDRO
- UMA JARRA

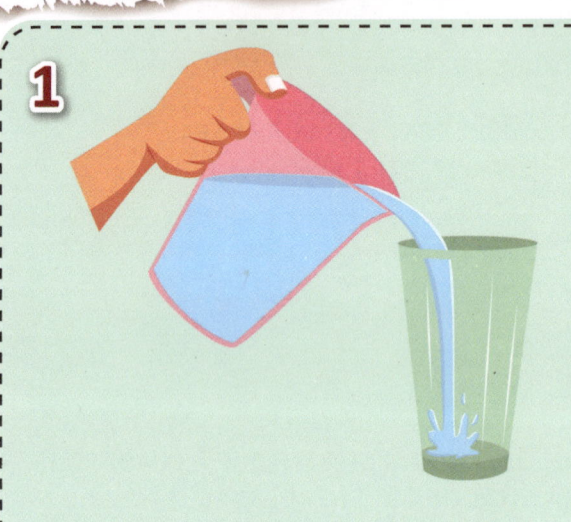

1 ENCHA UM COPO TRANSPARENTE COM CERCA DE ¾ DE ÁGUA.

2 COLOQUE UMA MINIASSADEIRA SOBRE O COPO DE MODO A FICAR CENTRALIZADA.

3 AGORA COLOQUE O ROLO DE PAPELÃO NA VERTICAL SOBRE A MINIASSADEIRA, COMO MOSTRADO. CERTIFIQUE-SE DE TAMBÉM FICAR CENTRALIZADA.

4 COM CUIDADO, ACOMODE O OVO HORIZONTALMENTE NO ALTO DO ROLINHO DE PAPELÃO.

5 FIQUE POR TRÁS DO COPO E MANTENHA A SUA MÃO A CERCA DE 15 CM DA BORDA DA ASSADEIRA.

6

COM UM MOVIMENTO RÁPIDO E ÁGIL, ACERTE A LATERAL DA ASSADEIRA HORIZONTALMENTE. A FORÇA DEVE SER SÓ O SUFICIENTE PARA TIRAR A ASSADEIRA DO COPO.

7

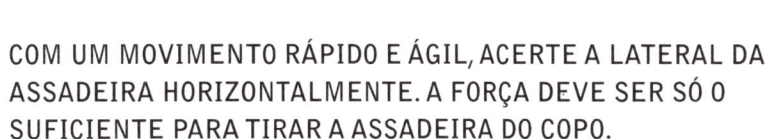

O OVO CAI DIRETAMENTE DENTRO DO COPO. ISSO NÃO FOI INCRÍVEL?

O STEM POR TRÁS DISSO

O OVO CAI DENTRO DO COPO POR CAUSA DA INÉRCIA. O OVO COLOCADO NO ALTO DO ROLINHO DE PAPELÃO ESTÁ EM ESTADO DE REPOUSO.
QUANDO APLICAMOS UMA FORÇA NA ASSADEIRA, ELA CHISPA DEBAIXO DO ROLINHO DE PAPELÃO.

DEVIDO À LEI DE INÉRCIA O OVO CONTINUA EM REPOUSO. NÃO EXISTE OUTRA FORÇA PARA MUDAR SUA DIREÇÃO EXCETO A GRAVIDADE, QUE EMPURRA O OVO PARA DENTRO DO COPO.

80
GARRAFA GOTEJANTE

RELAÇÃO COM A VIDA: PRESSÃO DO AR E GRAVIDADE

NÍVEL DE DIFICULDADE

REQUER SUPERVISÃO DE UM ADULTO

VOCÊ VAI PRECISAR DE:
- UMA GARRAFA PLÁSTICA TRANSPARENTE DE 1 LITRO COM TAMPA
- UM PREGO
- ÁGUA

1 LIMPE UMA GARRAFA PLÁSTICA DE 1 LITRO E ENCHA-A COM ÁGUA.

2 COLOQUE UMA DAS MÃOS NA BOCA DA GARRAFA E A OUTRA NA BASE. DEPOIS PEÇA PARA UM ADULTO FAZER UM FURO NA BASE DA GARRAFA USANDO O PREGO.

3 VOCÊ VAI OBSERVAR QUE A ÁGUA JORRA PELO FURO NA BASE.

4 AGORA COLOQUE O DEDO NO FURO E GIRE A TAMPA PARA FECHAR A GARRAFA. TIRE O DEDO DO FURO. A ÁGUA JORRA PARA FORA?

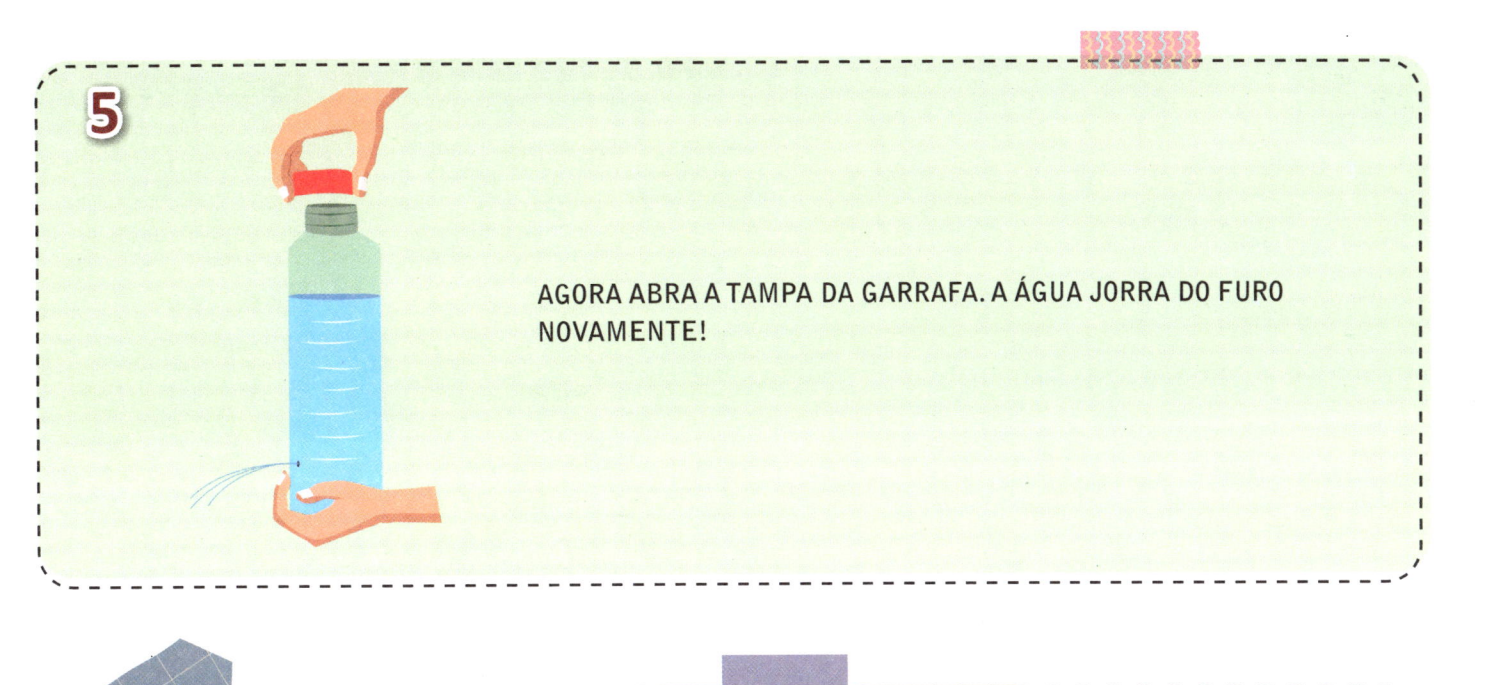

5 AGORA ABRA A TAMPA DA GARRAFA. A ÁGUA JORRA DO FURO NOVAMENTE!

O STEM POR TRÁS DISSO

QUANDO COBRIMOS COM A TAMPA DA GARRAFA A ÁGUA É PUXADA PARA BAIXO MAS HÁ UMA FALTA DE PRESSÃO DO AR DENTRO DA GARRAFA. CONTUDO, O AR EMPURRA DO LADO DE FORA DA GARRAFA DE TODOS OS LADOS. JÁ QUE A PRESSÃO DO AR NA GARRAFA É MENOR DO QUE DO LADO DE FORA, A ÁGUA FICA DENTRO DA GARRAFA.

QUANDO ABRIMOS A TAMPA DA GARRAFA, A PRESSÃO DO AR E A GRAVIDADE EMPURRAM A ÁGUA IGUALMENTE, E ASSIM ELA ESGUICHA PELO FURO.

81
MONTANHA-RUSSA DE BOLA DE GUDE

RELAÇÃO COM A VIDA: ENERGIA POTENCIAL E CINÉTICA

NÍVEL DE DIFICULDADE

REQUER SUPERVISÃO DE UM ADULTO, MONTAGEM COMPLEXA E USO DE MATERIAIS ESPECÍFICOS.

VOCÊ VAI PRECISAR DE:
- UM TUBO DE 1,2 M DE ESPUMA ELASTOMÉRICA COM 4 CM DE DIÂMETRO
- UMA BOLA DE GUDE DE VIDRO
- FITA CREPE
- UMA FACA
- UMA CADEIRA OU MESA
- UM AJUDANTE ADULTO

1 COM A AJUDA DE UM ADULTO CORTE AO MEIO O TUBO DE ESPUMA ELASTOMÉRICA LONGITUDINALMENTE DE MODO A FORMAR DOIS CANAIS EM FORMATO DE U.

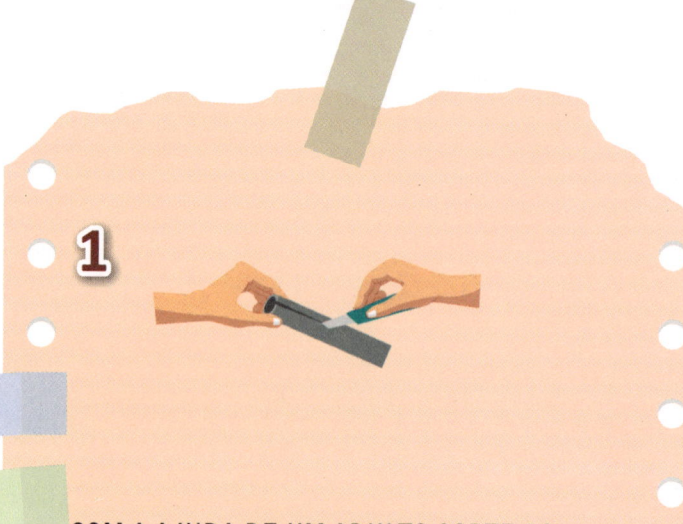

2 PRENDA COM FITA CREPE UMA PONTA DO TUBO DE ESPUMA ELASTOMÉRICA EM UMA CADEIRA.

3 SEGURE O TUBO NO LUGAR E PRENDA-O COM FITA NO CHÃO, FORMANDO UMA LADEIRA. CERTIFIQUE-SE DE A FITA NÃO BLOQUEAR O INTERIOR DO TUBO.

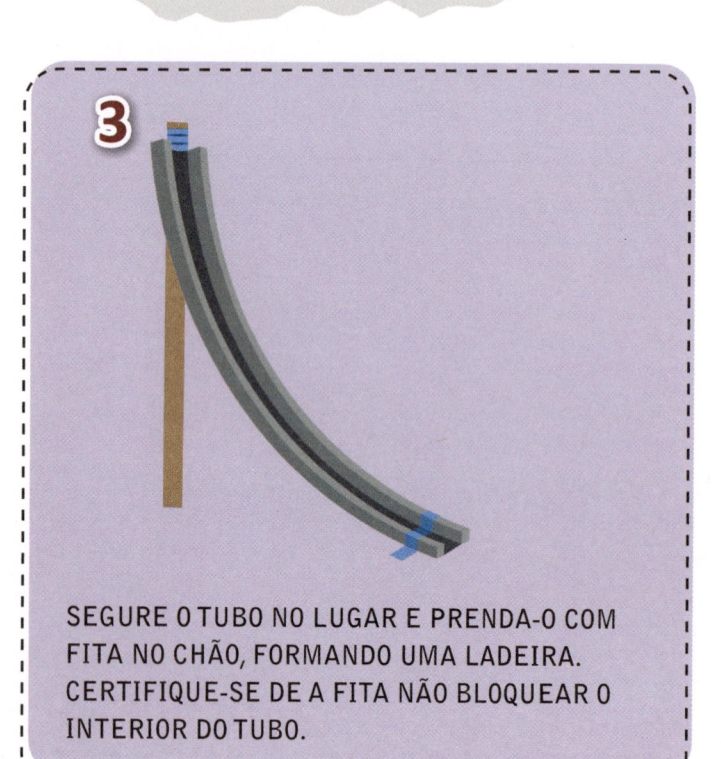

4 DOBRE O SEGUNDO PEDAÇO DE TUBO DE ESPUMA ELASTOMÉRICA EM UM OU DOIS LOOPS (VOLTAS). DEPOIS PRENDA-O AO CHÃO NOS DOIS LADOS DOS LOOPS.

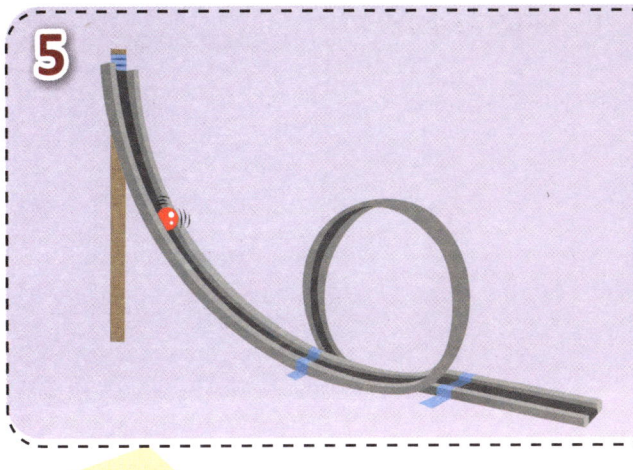

5 AGORA COLOQUE UMA BOLA DE GUDE A ALGUNS CENTÍMETROS DA BASE DA LADEIRA. ELA PERCORRE TODO O LOOP? NÃO! MOVA A BOLA DE GUDE ALGUNS CENTÍMETROS ACIMA NA PISTA E TENTE NOVAMENTE. TAMBÉM DESTA VEZ ELA NÃO CONSEGUE PASSAR PELO LOOP.

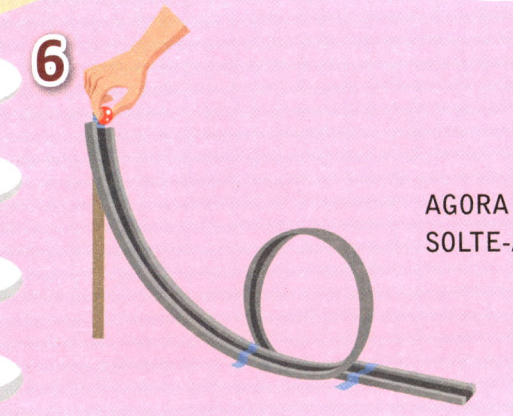

6 AGORA COLOQUE A BOLA DE GUDE NO TOPO DA LADEIRA E SOLTE-A. A BOLA DE GUDE PERCORRE TODO O LOOP DESTA VEZ!

O STEM POR TRÁS DISSO

QUANDO COLOCAMOS A BOLA DE GUDE A ALGUNS CENTÍMETROS DA BASE DA LADEIRA, ELA TEM POUCA ENERGIA POTENCIAL. E POR ISSO QUANDO ROLADA ELA NÃO CONSEGUE PASSAR PELO LOOP.

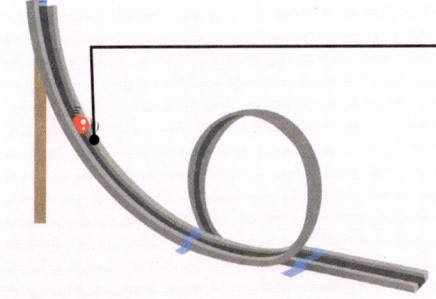

AO COLOCAR A BOLA DE GUDE NO TOPO DA LADEIRA, ELA TEM ENERGIA POTENCIAL MÁXIMA (E QUASE NENHUMA ENERGIA CINÉTICA) PORQUE ESTÁ ELEVADA DO SOLO.

CONFORME A BOLA DE GUDE ROLA LADEIRA ABAIXO, ESTA ENERGIA POTENCIAL É CONVERTIDA EM ENERGIA CINÉTICA (A ENERGIA DO MOVIMENTO) E A BOLA DE GUDE ROLA BEM DEPRESSA, CONSEGUINDO PASSAR PELO LOOP.

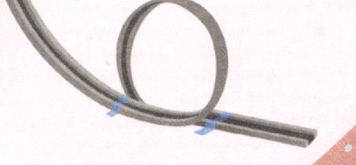

82
EQUILIBRANDO ESTRUTURAS

RELAÇÃO COM A VIDA: CENTRO DA GRAVIDADE

NÍVEL DE DIFICULDADE

REQUER SUPERVISÃO DE UM ADULTO

VOCÊ VAI PRECISAR DE:
- UMA CENOURA
- 4 A 5 ESPETINHOS DE MADEIRA
- MARSHMALLOWS
- UM BALÃO
- TAMPINHAS DE GARRAFA PLÁSTICA
- UMA GARRAFA PLÁSTICA DE 500 ML
- UM PINO AFIADO
- TESOURA
- FACA

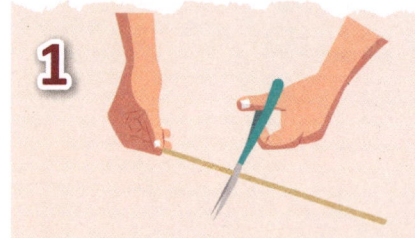

1 COM A AJUDA DE UM ADULTO, CORTE UM PEDAÇO DE 3 CM DE UM ESPETINHO DE MADEIRA.

2 ENTÃO CORTE UM PEDAÇO DE CENOURA DE 3 CM. PEÇA A UM ADULTO PARA ENFIAR UM PEDAÇO DE ESPETINHO EM UMA PONTA DO PEDAÇO DA CENOURA.

3 ENCHA DE ÁGUA UMA GARRAFA DE PLÁSTICO DE 500 ML E FECHE A TAMPA. DEIXE A GARRAFA NUMA MESA. AGORA COLOQUE O ESPETINHO COM O PEDAÇO DE CENOURA SOBRE A TAMPA DA GARRAFA E TENTE EQUILIBRÁ-LO. É MUITO DIFÍCIL!

4 EM SEGUIDA, PEÇA A UM ADULTO PARA ENFIAR UM ESPETINHO EM CADA LADO DA CENOURA DE MODO QUE ELES APONTEM PARA BAIXO EM UM ÂNGULO DE 45°.

5 INSIRA UM MARSHMALLOW NAS PONTAS DOS ESPETINHOS, COMO MOSTRADO.

6 COLOQUE ISSO NO TOPO DA GARRAFA AGORA. VOCÊ OBSERVARÁ QUE ELE SE EQUILIBRA NA GARRAFA.

7 AGORA INSIRA MAIS 2 OU 3 ESPETINHOS NA CENOURA. ACRESCENTE MAIS OBJETOS AOS ESPETINHOS COMO UMA TAMPA DE GARRAFA, BALÃO INFLADO, ETC.

8 COLOQUE A ESTRUTURA SOBRE A GARRAFA PARA SE EQUILIBRAR DIREITINHO!

O STEM POR TRÁS DISSO

UM OBJETO PODE SE EQUILIBRAR SE SEU CENTRO DE GRAVIDADE PERMANECER NA MESMA LINHA VERTICAL QUE O PONTO EM QUE ESTEJA O SEU EIXO.

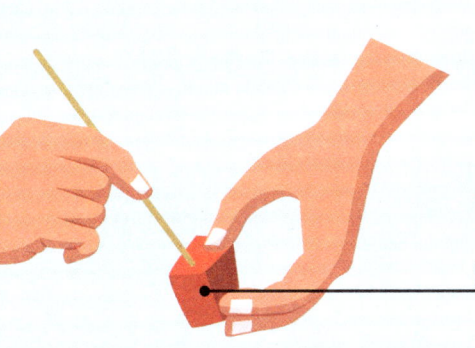

QUANDO COLOCAMOS O ESPETINHO SÓ COM O PEDAÇO DE CENOURA PRESO NELE, SEU CENTRO DE GRAVIDADE NÃO ESTÁ NA MESMA LINHA VERTICAL QUE O PONTO EM QUE O ESPETINHO SE ENCONTRA NA GARRAFA.

COLOCAR A ESTRUTURA COMPLETA SOBRE A GARRAFA TRAZ O CENTRO DE GRAVIDADE ABAIXO DO PONTO EM QUE O ESPETINHO (COM O PEDAÇO DE CENOURA) SE APOIA NA GARRAFA, EQUILIBRANDO-SE DESTE MODO.

83
É UMA QUEDA LIVRE

RELAÇÃO COM A VIDA: LEI DA QUEDA LIVRE E DA RESISTÊNCIA DO AR

NÍVEL DE DIFICULDADE

VOCÊ VAI PRECISAR DE:
- DOIS BALÕES VAZIOS
- ÁGUA
- BALANÇA DIGITAL DE COZINHA

1 PEGUE UM DOS BALÕES E ENCHA-O COM ÁGUA PARA QUE PESE APROXIMADAMENTE 250 G.

2 DEPOIS PEGUE OUTRO BALÃO E ENCHA-O COM ÁGUA PARA QUE PESE QUATRO VEZES O PESO DO PRIMEIRO BALÃO.

3 AGORA DEIXE OS DOIS BALÕES CAÍREM DA MESMA ALTURA E AO MESMO TEMPO. O BALÃO MAIS LEVE ATINGIU O CHÃO ANTES DO BALÃO MAIS PESADO OU OS DOIS BALÕES ATINGIRAM O CHÃO AO MESMO TEMPO?

O STEM POR TRÁS DISSO

OS DOIS BALÕES ATINGIRAM O CHÃO AO MESMO TEMPO!

QUANDO DEIXAMOS OS BALÕES CAÍREM, A GRAVIDADE OS EMPURRA PARA BAIXO. AO EMPURRAR OBJETOS A GRAVIDADE FAZ COM QUE ELES ACELEREM EM UMA TAXA DE 9,8 M/S2. ISSO É VERDADEIRO PARA TODOS OS OBJETOS QUE CAEM INDEPENDENTEMENTE DE SUA MASSA, A MENOS QUE O OBJETO SEJA AFETADO PELA RESISTÊNCIA DO AR.

84
FORNO SOLAR

RELAÇÃO COM A VIDA: ENERGIA SOLAR

NÍVEL DE DIFICULDADE

REQUER SUPERVISÃO RIGOROSA, ESPECIALMENTE DEVIDO AO USO DE PAPEL ALUMÍNIO E CALOR.

VOCÊ VAI PRECISAR DE:

- UMA CAIXA DE PAPELÃO QUADRADA DE PIZZA
- UM ESTILETE
- PAPEL ALUMÍNIO
- FITA ADESIVA
- CARTOLINA PRETA
- UMA RÉGUA
- UM LÁPIS
- UM ESPETO DE MADEIRA
- UM FILME PLÁSTICO ESPESSO
- UM TERMÔMETRO
- COLA
- MARSHMALLOWS

1 DESENHE UM QUADRADO A CERCA DE 5 CM DAS BORDAS DA TAMPA DE UMA CAIXA DE PIZZA.

2 CORTE TRÊS LATERAIS DO QUADRADO USANDO UM ESTILETE. NÃO CORTE NO LADO ARTICULADO DA TAMPA.

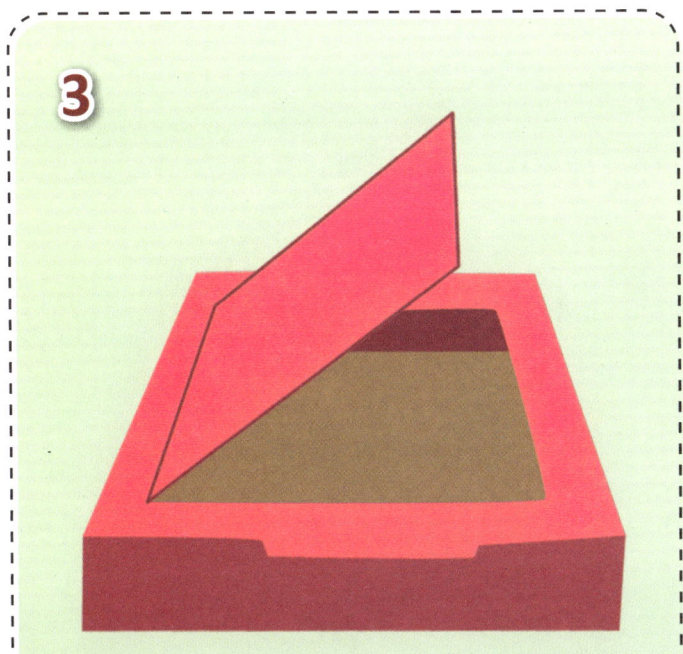

3 DOBRE AO LONGO DO LADO NÃO CORTADO DO QUADRADO PARA QUE ELE SE TORNE UMA ABA.

4 CORTE UM PEDAÇO DE PAPEL ALUMÍNIO, GRANDE O BASTANTE PARA COBRIR O FUNDO, AS DUAS LATERAIS E O LADO INTERNO DA ABA. ENVOLVA O ALUMÍNIO AO REDOR DESSAS PARTES E PRENDA-O COM FITA.

5 EM SEGUIDA, CORTE UM PEDAÇO DE CARTOLINA PRETA E CUBRA O FUNDO DA CAIXA DE PIZZA.

6 CUBRA O INTERIOR DA TAMPA DA CAIXA COM FILME PLÁSTICO. CERTIFIQUE-SE DE QUE A ABA POSSA SE MOVER LIVREMENTE.

7 ENROLE FOLHAS DE JORNAL E COLOQUE-AS NO FUNDO DA CAIXA. O SEU FORNO SOLAR ESTÁ PRONTO.

8 USE UM ESPETINHO PARA APOIAR A ABA DO FORNO DO RESTANTE DA CAIXA.

9

LEVE O SEU FORNO PARA O SOL ENTRE 11 DA MANHÃ E 2 DA TARDE. COLOQUE OS MARSHMALLOWS SOBRE UM QUADRADINHO DE ALUMÍNIO E PONHA-OS SOBRE A CARTOLINA PRETA DENTRO DO FORNO SOLAR. DEIXE O FORNO FICAR NA LUZ DO SOL POR CERCA DE 40 MINUTOS E OBSERVE O QUE ACONTECE.

O STEM POR TRÁS DISSO

A ABA COBERTA COM PAPEL ALUMÍNIO REFLETE A LUZ SOLAR PARA DENTRO DO FORNO.

A CARTOLINA PRETA NO FUNDO DO FORNO ABSORVE O CALOR DO SOL. ISSO AQUECE O AR DENTRO DO FORNO.

AFIXAR O FILME PLÁSTICO POR CIMA DA ABERTURA NA ABA TORNOU O FORNO HERMÉTICO. POR CAUSA DISSO O AR QUENTE DENTRO DO FORNO NÃO CONSEGUIU SAIR DA CAIXA.

85
REAÇÃO EM CADEIA DE PALITOS DE PICOLÉ

RELAÇÃO COM A VIDA: ENERGIA POTENCIAL E CINÉTICA

NÍVEL DE DIFICULDADE

VOCÊ VAI PRECISAR DE:
- VÁRIOS PALITOS DE PICOLÉ

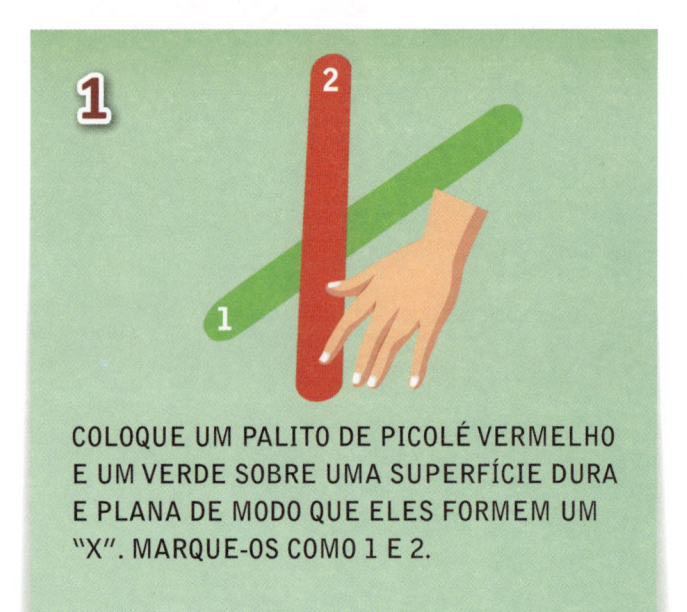

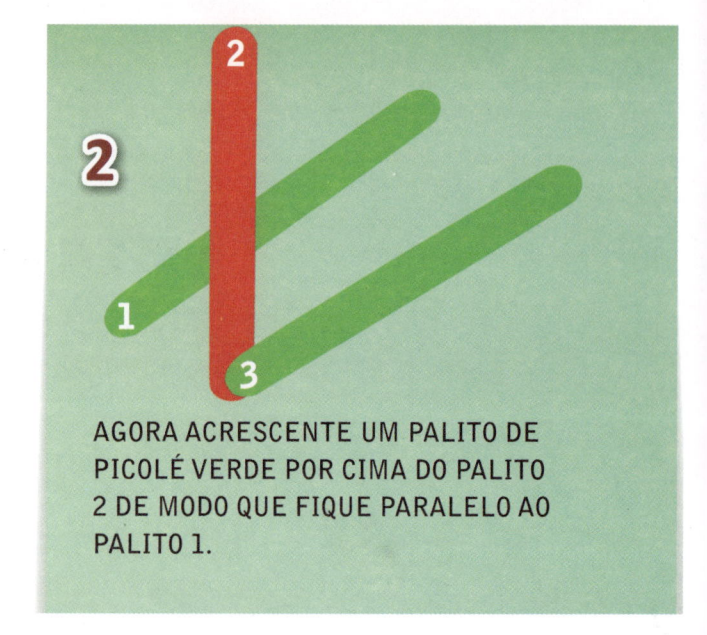

1 COLOQUE UM PALITO DE PICOLÉ VERMELHO E UM VERDE SOBRE UMA SUPERFÍCIE DURA E PLANA DE MODO QUE ELES FORMEM UM "X". MARQUE-OS COMO 1 E 2.

2 AGORA ACRESCENTE UM PALITO DE PICOLÉ VERDE POR CIMA DO PALITO 2 DE MODO QUE FIQUE PARALELO AO PALITO 1.

3 AGORA ACRESCENTE OUTRO PALITO VERMELHO (PALITO 4) E INSIRA-O POR BAIXO DO PALITO 1 PARA QUE UMA DE SUAS PONTAS FIQUE POR CIMA DO PALITO 3 E O RESTO DELE FIQUE POR BAIXO DO PALITO 1. PEÇA PARA UM ADULTO SEGURAR NO FINAL DA CADEIA EM QUE VOCÊ ESTÁ TRABALHANDO.

4 COLOQUE UM PALITO VERMELHO (PALITO 5) DEBAIXO DO PALITO 3. OS PALITOS 4 E 5 DEVEM FICAR PARALELOS UM AO OUTRO.

5

ENTÃO ACRESCENTE UM PALITO VERDE (PALITO 6) DE TAL FORMA QUE UMA DE SUAS PONTAS FIQUE POR CIMA DO PALITO 4.

6

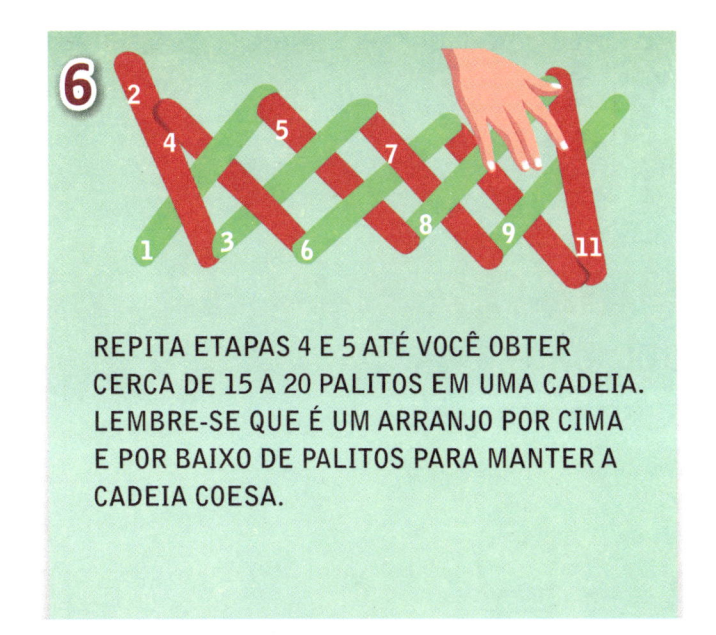

REPITA ETAPAS 4 E 5 ATÉ VOCÊ OBTER CERCA DE 15 A 20 PALITOS EM UMA CADEIA. LEMBRE-SE QUE É UM ARRANJO POR CIMA E POR BAIXO DE PALITOS PARA MANTER A CADEIA COESA.

7

ASSIM QUE VOCÊ TIVER CONSTRUÍDO A CADEIA, SOLTE A PONTA DO PALITO 1. OS PALITOS IRÃO CAIR DO ARRANJO EM UMA REAÇÃO EM CADEIA.

O STEM POR TRÁS DISSO

CONFORME ENTRELAÇAMOS OS PALITOS DE PICOLÉ EM UM PADRÃO, UM PALITO É INCLINADO POR CIMA DE OUTRO PALITO EM UMA PONTA, PORÉM MANTIDO DEBAIXO DE OUTRO PALITO NA OUTRA PONTA. POR CAUSA DISSO FORMA-SE LENTAMENTE MUITA ENERGIA POTENCIAL NOS PALITOS DE PICOLÉ.
QUANDO SOLTAMOS A CADEIA, A ENERGIA POTENCIAL É CONVERTIDA EM ENERGIA CINÉTICA CRIANDO UM ESTILO COLORIDO.

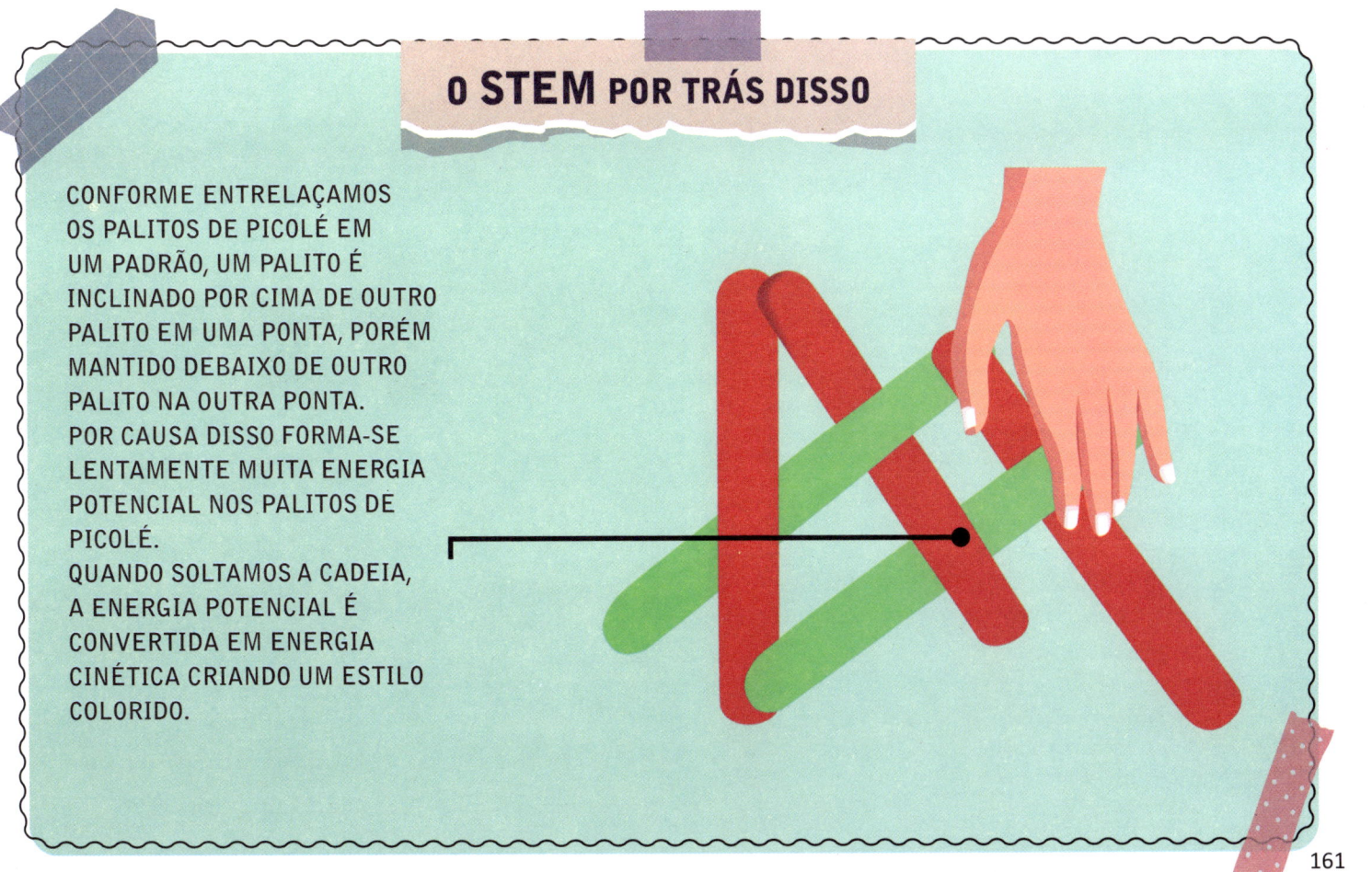

86
A GRAVIDADE DESAFIANDO AS MIÇANGAS

RELAÇÃO COM A VIDA: ENERGIA POTENCIAL E CINÉTICA

NÍVEL DE DIFICULDADE

REQUER SUPERVISÃO DE UM ADULTO

VOCÊ VAI PRECISAR DE:
- UM CORDÃO COMPRIDO DE MIÇANGAS
- UM RECIPIENTE PLÁSTICO ALTO

1 COLOQUE UM RECIPIENTE PLÁSTICO ALTO NUMA SUPERFÍCIE PLANA. ENTÃO ENCONTRE O FINAL DO CORDÃO DE MIÇANGAS E COLOQUE-O COM CUIDADO NO FUNDO DO RECIPIENTE.

2 FAÇA CAMADAS ORGANIZADAMENTE EM CÍRCULOS, UMA SOBRE A OUTRA DENTRO DO RECIPIENTE. CERTIFIQUE-SE DE QUE NÃO FIQUEM EMARANHADAS.

3 ASSIM QUE AS MIÇANGAS ESTIVEREM CARREGADAS, PEGUE O RECIPIENTE COM UMA MÃO E RAPIDAMENTE PUXE A OUTRA PONTA DO CORDÃO PARA BAIXO. O CORDÃO DE MIÇANGAS VAI SE IMPULSIONAR PARA FORA DO RECIPIENTE NO ATO!

O STEM POR TRÁS DISSO

A INÉRCIA E A GRAVIDADE FAZEM AS MIÇANGAS SE IMPULSIONAREM PARA FORA DO RECIPIENTE APÓS O PUXÃO INICIAL.

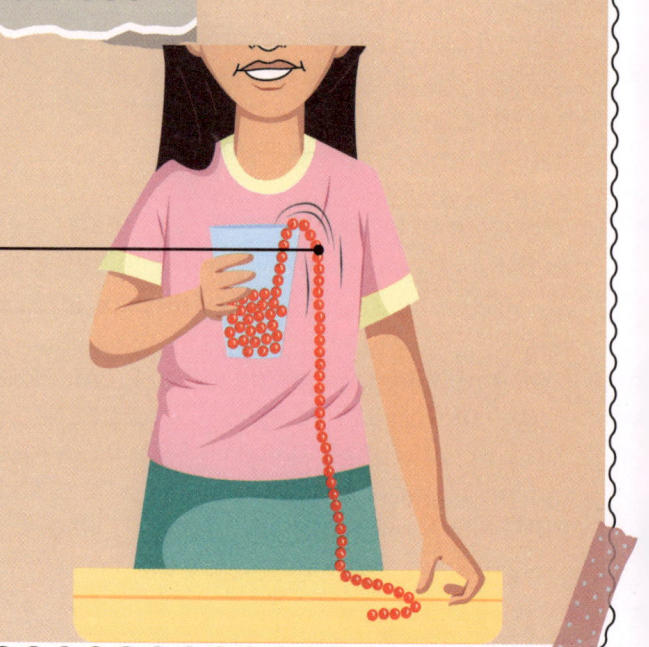

QUANDO NÓS RAPIDAMENTE PUXAMOS A PONTA DO CORDÃO PARA BAIXO, INICIAMOS UM MOVIMENTO NELE. O CORDÃO AGORA NÃO CONSEGUE MUDAR O IMPULSO PORQUE NENHUMA OUTRA FORÇA ESTÁ AGINDO SOBRE ELE EXCETO A GRAVIDADE QUE O PUXA PARA BAIXO!

87
AQUECIMENTO COM EFEITO ESTUFA

RELAÇÃO COM A VIDA: EFEITO ESTUFA

NÍVEL DE DIFICULDADE

REQUER SUPERVISÃO RIGOROSA DEVIDO AO USO DE MATERIAIS POTENCIALMENTE PERIGOSOS E PRECISÃO NOS PROCEDIMENTOS.

VOCÊ VAI PRECISAR DE:
- DOIS PEQUENOS TERMÔMETROS EXTERNOS
- UM VIDRO COM TAMPA (GRANDE O SUFICIENTE PARA CABER UM TERMÔMETRO)
- UM CRONÔMETRO
- UMA ÁREA DE TRABALHO COM LUZ SOLAR DIRETA

1 COLOQUE OS TERMÔMETROS EM UMA ÁREA DE TRABALHO COM LUZ SOLAR DIRETA. PROGRAME O CRONÔMETRO PARA CINCO MINUTOS. APÓS SE PASSAREM CINCO MINUTOS, LEIA AS TEMPERATURAS DOS DOIS TERMÔMETROS. ELES DEVEM APRESENTAR A MESMA LEITURA.

2 AGORA COLOQUE UM DOS TERMÔMETROS DENTRO DO POTE DE VIDRO E FECHE A TAMPA. COLOQUE-O PERTO DO OUTRO TERMÔMETRO. CERTIFIQUE-SE DE QUE OS DOIS TERMÔMETROS ESTEJAM TOTALMENTE EXPOSTOS AO SOL.

3 APÓS 10 MINUTOS

DEIXE OS TERMÔMETROS FICAREM NO SOL POR CERCA DE 15 A 20 MINUTOS. VERIFIQUE AS TEMPERATURAS NOS DOIS TERMÔMETROS A CADA 10 MINUTOS. AS TEMPERATURAS MUDARAM? ELAS AINDA SÃO AS MESMAS?

O STEM POR TRÁS DISSO

UMA VEZ QUE OS DOIS TERMÔMETROS SEJAM COLOCADOS NA ÁREA DE TRABALHO COM LUZ SOLAR DIRETA, DEVEM MOSTRAR A MESMA TEMPERATURA.

QUANDO COLOCAMOS UM DOS TERMÔMETROS DENTRO DO VIDRO, CRIAMOS UM AMBIENTE ARTIFICIAL PARA ELE.

O VIDRO NÃO PERMITE QUE A RADIAÇÃO DE CALOR PASSE POR ELE. PORTANTO O CALOR QUE É GERADO A PARTIR DA LUZ SOLAR DENTRO DO VIDRO FICA IMPOSSIBILITADA DE ESCAPAR. DEVIDO AO FATO DE O AR AQUECIDO DENTRO DO VIDRO FICAR PRESO, O FLUXO DE AR CESSA. POR ISSO O AR QUENTE NÃO PODE SE MISTURAR COM O AR FRIO PARA RESFRIÁ-LO. COMO RESULTADO, A TEMPERATURA DENTRO DO VIDRO AUMENTA MAIS COM O PASSAR DO TEMPO.

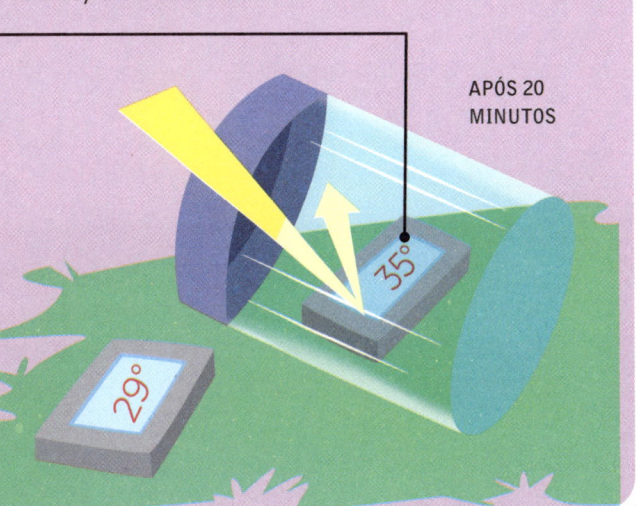

APÓS 20 MINUTOS

CIÊNCIA

PRÁTICA

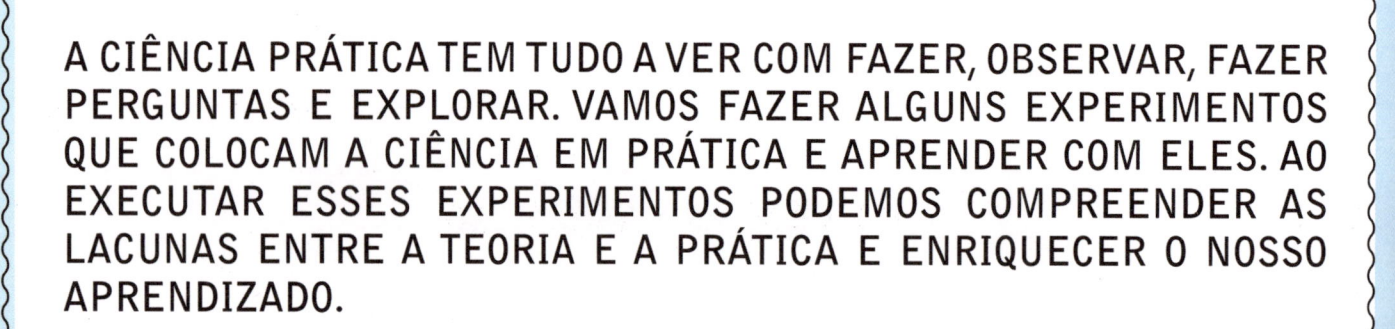

A CIÊNCIA PRÁTICA TEM TUDO A VER COM FAZER, OBSERVAR, FAZER PERGUNTAS E EXPLORAR. VAMOS FAZER ALGUNS EXPERIMENTOS QUE COLOCAM A CIÊNCIA EM PRÁTICA E APRENDER COM ELES. AO EXECUTAR ESSES EXPERIMENTOS PODEMOS COMPREENDER AS LACUNAS ENTRE A TEORIA E A PRÁTICA E ENRIQUECER O NOSSO APRENDIZADO.

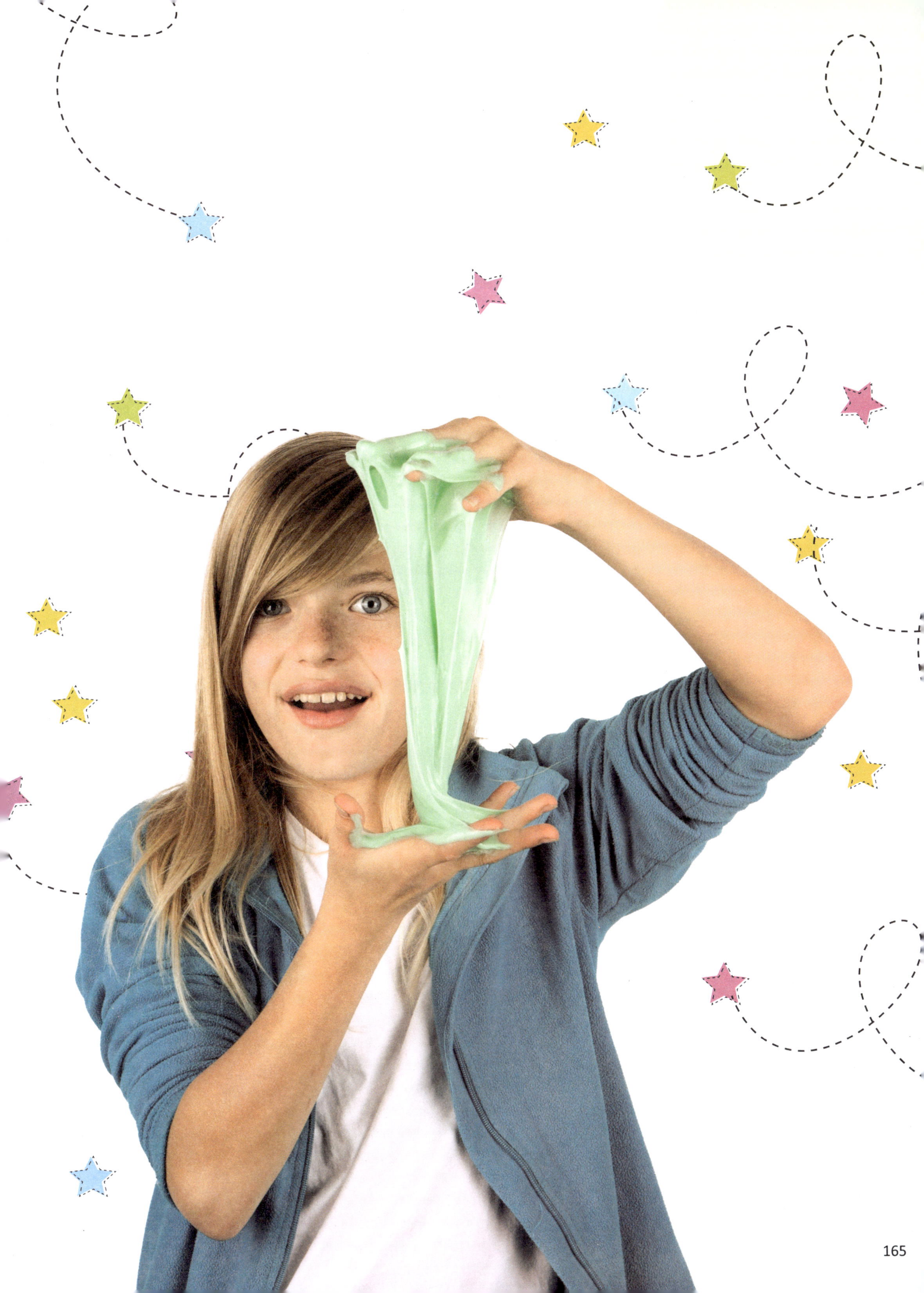

88
VAMOS FAZER GELECA

RELAÇÃO COM A VIDA: EFEITO ESTUFA

NÍVEL DE DIFICULDADE

REQUER SUPERVISÃO DE UM ADULTO

VOCÊ VAI PRECISAR DE:
- BÓRAX
- ÁGUA
- 240 ML DE COLA BRANCA
- CORANTE ALIMENTÍCIO
- UMA TIGELA GRANDE DE VIDRO
- COLHER PARA MEXER

1 MISTURE UMA COLHER DE SOPA DE BÓRAX E 250 ML DE ÁGUA EM UMA TIGELA PARA QUE O BÓRAX SE DISSOLVA COMPLETAMENTE NA ÁGUA.

2 ACRESCENTE UMA QUANTIDADE SUFICIENTE DE COLA EM UMA TIGELA GRANDE. DESPEJE ÁGUA NA TIGELA. A QUANTIDADE DE ÁGUA DEVE SER A MESMA DA DE COLA.

3 MEXA COM AS MÃOS ATÉ QUE OS DOIS INGREDIENTES FIQUEM MISTURADOS ADEQUADAMENTE.

4 ACRESCENTE ALGUMAS GOTAS DE CORANTE ALIMENTÍCIO À MISTURA. MISTURE TOTALMENTE PARA QUE A COR SE ESPALHE POR IGUAL.

5

ACRESCENTE AOS POUCOS A MISTURA DE ÁGUA E BÓRAX NA TIGELA COM A MISTURA DE COLA E ÁGUA E CONTINUE MISTURANDO. SE A MISTURA PARECER SECA, ACRESCENTE MAIS MISTURA DE ÁGUA E BÓRAX.

6

MEXA ATÉ QUE A MISTURA ALCANCE UMA CONSISTÊNCIA LISA E ELÁSTICA E FLUA BEM DEVAGAR. A GELECA ESTÁ PRONTA!

O STEM POR TRÁS DISSO

ÀS VEZES A GELECA PARECE UM SÓLIDO E ÀS VEZES UM LÍQUIDO.

A COLA QUE USAMOS É FORMADA DE MOLÉCULAS IDÊNTICAS E REPETIDAS CHAMADAS POLÍMEROS QUE ESTÃO INTERLIGADAS EM CADEIA.

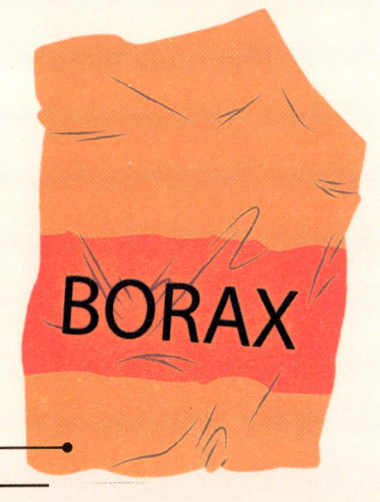

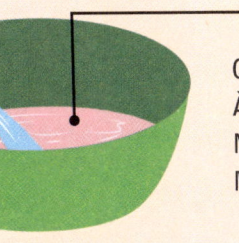

BORAX

QUANDO ACRESCENTAMOS A MISTURA DE BÓRAX E ÁGUA À COLA, A SUBSTÂNCIA QUÍMICA (TETRABORATO DE SÓDIO) NO BÓRAX SE LIGA AOS POLÍMEROS NELE. ISSO FORMA UMA MASSA QUE CHAMAMOS DE GELECA.

89
DESODORIZADOR DE AMBIENTES

RELAÇÃO COM A VIDA: DESODORIZADORES DE AMBIENTES BASEADOS EM GELATINA

NÍVEL DE DIFICULDADE

REQUER SUPERVISÃO DE UM ADULTO

VOCÊ VAI PRECISAR DE:
- UM PACOTE DE GELATINA SEM SABOR
- ÁGUA
- ÓLEO COM FRAGRÂNCIA DE SUA PREFERÊNCIA
- CORANTE ALIMENTÍCIO
- SAL COMUM
- POTINHOS DE VIDRO
- UMA TIGELA

1 ACRESCENTE 4 PACOTES DE GELATINA SEM SABOR DE 20 G EM UMA TIGELA E ACRESCENTE UMA XÍCARA DE ÁGUA FERVENTE NA TIGELA.

2 MISTURE ADEQUADAMENTE ATÉ QUE A GELATINA SE DISSOLVA NA ÁGUA.

3 AGORA ACRESCENTE UMA XÍCARA DE ÁGUA FRIA NA MISTURA DE GELATINA E MEXA BEM.

4 EM SEGUIDA, ACRESCENTE UMA COLHER DE SOPA DE SAL COMUM À MISTURA DE GELATINA. ISSO EVITARÁ A FORMAÇÃO DE MOFO.

5

ACRESCENTE CERCA DE 10 A 20 GOTAS DE ÓLEO COM FRAGRÂNCIA À MISTURA DE GELATINA. VOCÊ PODE ADICIONAR ALGUMAS GOTAS DE CORANTE ALIMENTÍCIO TAMBÉM E MEXER A MISTURA. A FRAGRÂNCIA DE AMBIENTES ESTÁ PRONTA.

6

DESPEJE COM CUIDADO A MISTURA DENTRO DE UM POTINHO E DEIXE-O ASSENTAR POR ALGUM TEMPO ATÉ VIRAR UM SÓLIDO. O DESODORIZADOR DE AMBIENTE ESTÁ PRONTO PARA SE USAR.

O STEM POR TRÁS DISSO

A GELATINA É UMA PROTEÍNA DERIVADA DO COLÁGENO. ELA TEM UMA ESTRUTURA DE MATRIZ QUE LHE PERMITE MANTER SEU FORMATO.

QUANDO SE ACRESCENTA O ÓLEO COM FRAGRÂNCIA À MISTURA DE GELATINA E ÁGUA, SUAS PARTÍCULAS SÃO SUSPENSAS NA MATRIZ DA GELATINA, QUE MANTÉM O AROMA PRESO NO SEU INTERIOR.

ACRESCENTAMOS ÁGUA MORNA À GELATINA PORQUE ELA SE DISSOLVE NA ÁGUA E SE TRANSFORMA EM UMA ESTRUTURA PARECIDA COM GELEIA QUANDO RESFRIA.

QUANDO O GEL EVAPORA, AS PARTÍCULAS DE AROMA SÃO LIBERADAS DA MATRIZ, ESPALHANDO UMA FRAGRÂNCIA CONTÍNUA DO DESODORIZADOR DE AMBIENTE.

90
OSMOSE DA JUJUBA

RELAÇÃO COM A VIDA: OSMOSE E MEMBRANAS SEMIPERMEÁVEIS

NÍVEL DE DIFICULDADE

REQUER SUPERVISÃO DE UM ADULTO

VOCÊ VAI PRECISAR DE:
- DOIS URSINHOS DE GOMA DA MESMA COR E TAMANHO (BALA DE GOMA OU JUJUBA NO FORMATO DE URSINHO)
- SAL
- DUAS TIGELAS
- ÁGUA

1 COLOQUE DUAS TIGELAS EM UMA MESA E DESPEJE A MESMA QUANTIDADE DE ÁGUA EM CADA UMA DELAS. A ÁGUA DEVE SER SUFICIENTE PARA IMERGIR OS URSINHOS DE GOMA NESTA ATIVIDADE.

2 ACRESCENTE SAL EM UMA DAS TIGELAS DE ÁGUA E MEXA BEM PARA TORNAR A SOLUÇÃO SALINA.

3 AGORA REGISTRE O PESO DOS URSINHOS DE GOMA. COLOQUE UM URSINHO DE GOMA EM CADA TIGELA E DEIXE-OS QUIETOS POR VÁRIAS HORAS OU DE UM DIA PARA O OUTRO.

4 NA MANHÃ SEGUINTE, PERCEBA A DIFERENÇA NO URSINHO DE GOMA COLOCADO NA SOLUÇÃO SALINA. REGISTRE O PESO DOS URSINHOS NOVAMENTE.

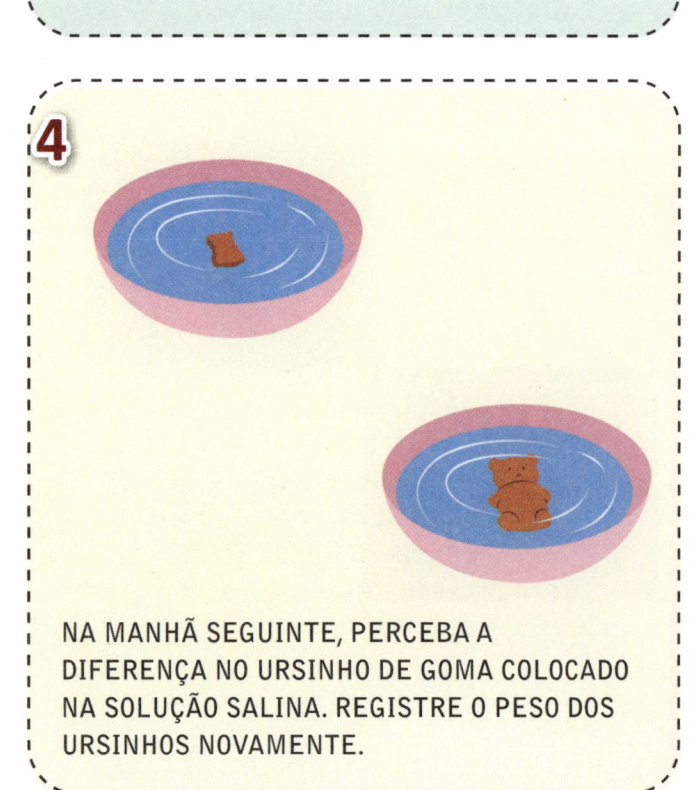

5

O URSINHO DE GOMA MANTIDO NA TIGELA COM ÁGUA COMUM INCHA E FICA MAIOR E O QUE FICOU NA SOLUÇÃO SALINA DIMINUI EM VOLUME E MASSA.

O STEM POR TRÁS DISSO

O URSINHO DE GOMA INCHA POR CAUSA DA OSMOSE – UM PROCESSO NO QUAL A ÁGUA SE MOVE DE UMA ÁREA DE MENOR CONCENTRAÇÃO PARA UMA DE MAIOR CONCENTRAÇÃO, A MENOS QUE AS DUAS CONCENTRAÇÕES SEJAM IGUAIS.
OS URSINHOS DE GOMA SÃO FEITOS DE GELATINA E AÇÚCAR. QUANDO O URSINHO DE GOMA É COLOCADO NA ÁGUA COMUM, A ÁGUA SE MOVE PARA DENTRO DELE PORQUE A CONCENTRAÇÃO DE ÁGUA É MAIOR FORA DO QUE DENTRO DO URSINHO DE GOMA. E POR ISSO O URSINHO DE GOMA INCHA.

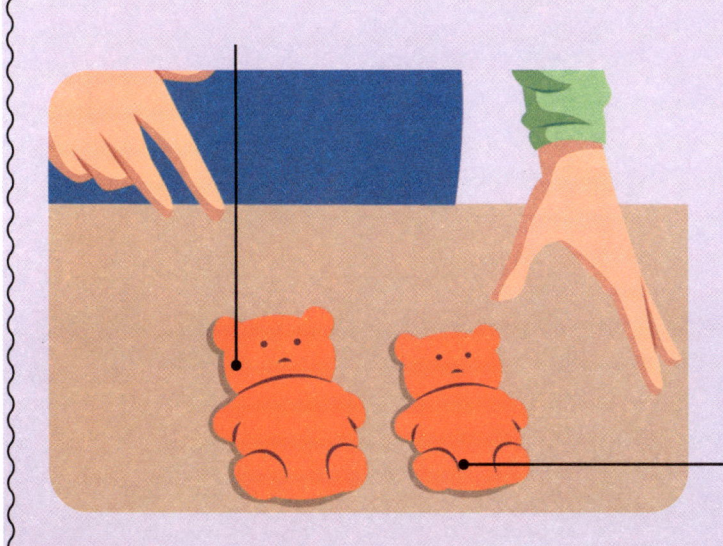

O URSINHO DE GOMA NA ÁGUA SALGADA ENCOLHE PORQUE A CONCENTRAÇÃO DE ÁGUA NO URSINHO É MAIS DO QUE A DA SOLUÇÃO SALGADA. A ÁGUA FLUI DO URSINHO DE GOMA PARA A SOLUÇÃO SALGADA PARA CRIAR UM EQUILÍBRIO.

91
CAPILARIDADE

RELAÇÃO COM A VIDA: MOVIMENTO DA ÁGUA NAS PLANTAS

NÍVEL DE DIFICULDADE

VOCÊ VAI PRECISAR DE:
- UM TALO DE AIPO COM AS FOLHAS ACOPLADAS
- 2 COPOS RETOS E ALTOS
- ÁGUA
- CORANTE ALIMENTÍCIO VERMELHO E AZUL
- UMA FACA (OU ESTILETE)
- TESOURA

1 CORTE A BASE DO TALO DE AIPO USANDO A TESOURA PARA EXPOR O XILEMA RECÉM-CORTADO. ISSO ABRIRÁ OS TUBOS DO XILEMA.

2 USANDO UMA FACA OU ESTILETE, FAÇA UMA FENDA VERTICAL DE CERCA DE 5 CM NA PARTE INFERIOR DO TALO.

3 EM SEGUIDA, ENCHA OS DOIS COPOS COM ÁGUA ATÉ A METADE.

4 DESPEJE ALGUMAS GOTAS DE CORANTE ALIMENTÍCIO VERMELHO EM UM COPO E ALGUMAS GOTAS DE CORANTE ALIMENTÍCIO AZUL NO OUTRO COPO. MEXA-OS BEM. CERTIFIQUE-SE DE QUE A ÁGUA NOS DOIS COPOS TENHA UMA COR INTENSA PARA OBTER O MELHOR EFEITO.

5

APROXIME OS DOIS COPOS COM ÁGUA COLORIDA. AGORA COLOQUE METADE DO TALO DE AIPO EM UM COPO E A OUTRA METADE DENTRO DO SEGUNDO COPO, COMO MOSTRADO.

6

DEIXE ASSIM POR ALGUMAS HORAS OU ATÉ DE UM DIA PARA O OUTRO. VOCÊ VAI VER UMA MUDANÇA NA COR DOS TALOS.

O STEM POR TRÁS DISSO

O AIPO TEM UMA SÉRIE DE TUBOS DE XILEMA EM SEU TALO. OS TUBOS DE XILEMA SÃO TUBOS MINÚSCULOS QUE AJUDAM UMA PLANTA A PUXAR ÁGUA DAS RAÍZES FEITO UM CANUDO. MAIS TUBOS DE XILEMA INDICAM QUE MAIS ÁGUA SERÁ SUGADA PARA O CAULE.

AS FOLHAS VERDES DO TALO FICAM VERMELHAS E AZUIS PORQUE O CORANTE ALIMENTÍCIO DISSOLVIDO NOS COPOS SE MOVERAM COM A ÁGUA PELOS TUBOS DE XILEMA ATÉ O TALO DO AIPO E AS FOLHAS.

À MEDIDA QUE A ÁGUA DAS FOLHAS DE AIPO EVAPORA, ELA DEPOSITA A COR NA PLANTA. OS TUBOS DE XILEMA PUXAM MAIS ÁGUA E O CICLO CONTINUA ATÉ QUE NÃO RESTE ÁGUA ALGUMA NOS COPOS.

92

POR QUE AS FOLHAS MUDAM DE COR

RELAÇÃO COM A VIDA: MUDANÇA DE COR DAS FOLHAS

NÍVEL DE DIFICULDADE

REQUER SUPERVISÃO DE UM ADULTO

VOCÊ VAI PRECISAR DE:

- 2 A 3 FOLHAS DE PLANTAS DIFERENTES
- FILME PLÁSTICO OU PAPEL ALUMÍNIO
- ÁLCOOL ISOPROPÍLICO (PARA ASSEPSIA)
- POTINHOS DE VIDRO
- FILTRO DE PAPEL PARA CAFÉ
- UMA TRAVESSA RASA
- FITA CREPE
- ÁGUA DA TORNEIRA (QUENTE)
- UMA COLHER DE PLÁSTICO

1 RECOLHA 2 A 3 FOLHAS GRANDES DE ÁRVORES DIFERENTES. CORTE-AS EM PEDACINHOS E COLOQUE DENTRO DE DOIS POTINHOS DE VIDRO.

2 AGORA ACRESCENTE O ÁLCOOL ISOPROPÍLICO NOS POTINHOS, APENAS O SUFICIENTE PARA COBRIR AS FOLHAS. AMASSE COM GENTILEZA AS FOLHAS USANDO UMA COLHER DE PLÁSTICO.

3 CUBRA OS POTINHOS FOLGADAMENTE COM FILME PLÁSTICO. DESPEJE UM POUCO DE ÁGUA QUENTE EM UMA TRAVESSA RASA E COLOQUE OS POTINHOS DENTRO DELA.

4 DEIXE OS POTINHOS NA ÁGUA POR PELO MENOS 30 MINUTOS. MEXA OS POTINHOS COM MUITA DELICADEZA A CADA 5 MINUTOS. TAMBÉM RECOLOQUE ÁGUA QUENTE QUANDO ELA ESFRIAR. VOCÊ VAI NOTAR QUE A COR DO ÁLCOOL ESCURECE.

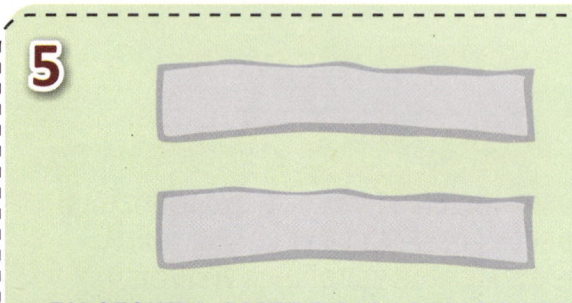

5 EM SEGUIDA, CORTE TIRAS LONGAS DO FILTRO DE PAPEL PARA CAFÉ.

6 RETIRE OS POTINHOS DA ÁGUA E RETIRE OS FILMES PLÁSTICOS QUE OS COBREM.

7 COLOQUE UMA TIRA DE FILTRO DE PAPEL EM CADA POTINHO. CERTIFIQUE-SE DE QUE UMA DE SUAS PONTAS ESTEJA DENTRO DO ÁLCOOL NO POTINHO E A OUTRA PONTA ESTEJA POR CIMA DA BORDA DO POTINHO. USANDO UMA FITA, PRENDA A TIRA À BORDA DO POTINHO.

8 POUCO DEPOIS VOCÊ VAI OBSERVAR QUE O ÁLCOOL CORRE PARA CIMA NO FILTRO DE PAPEL TRAZENDO A COR COM ELE.

9 APÓS CERCA DE 90 MINUTOS, O ÁLCOOL COMEÇA A EVAPORAR E A COR VAI PERCORRER DISTÂNCIAS DIFERENTES PARA CIMA NO PAPEL. VOCÊ DEVE VER CORES DIFERENTES COMO VERDE, AMARELO, ETC. NAS TIRAS.

10 RETIRE AS TIRAS E DEIXE-AS SECAR. ENTÃO, PRENDA-AS COM FITA A UMA PEDAÇO DE PAPEL.

O STEM POR TRÁS DISSO

AS FOLHAS CONTÊM UM PIGMENTO CHAMADO CLOROFILA QUE LHES CONFERE A COR VERDE. AS FOLHAS TAMBÉM CONTÊM OUTROS PIGMENTOS, MAS A CLOROFILA É TÃO DOMINANTE QUE AS OUTRAS CORES FICAM ESCONDIDAS.

QUANDO ACRESCENTAMOS ÁLCOOL ISOPROPÍLICO E COLOCAMOS AS FOLHAS EM ÁGUA QUENTE, A CLOROFILA É DECOMPOSTA. A COR VERDE SE TORNA MENOS PROEMINENTE E OS OUTROS PIGMENTOS SE TORNAM VISÍVEIS.

93
CHUTE UMA BOLA
RELAÇÃO COM A VIDA: ENERGIA POTENCIAL E CINÉTICA

NÍVEL DE DIFICULDADE
● ○ ○

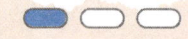

REQUER SUPERVISÃO DE UM ADULTO

VOCÊ VAI PRECISAR DE:
- UM LÁPIS PEQUENO
- DOIS ELÁSTICOS DE BORRACHA FINOS
- DOIS ROLINHOS DE PAPEL HIGIÊNICO VAZIOS
- FITA DE EMPACOTAMENTO
- TESOURA
- BOLINHAS DE ALGODÃO
- RÉGUA GRADUADA EM UMA JARDA OU GABARITO
- UMA RÉGUA
- TRÊS PEDAÇOS DE PAPEL
- PERFURADOR DE UM FURO
- UM AJUDANTE ADULTO

1 USANDO A TESOURA, CORTE COM CUIDADO AO MEIO UM DOS ROLINHOS DE PAPEL HIGIÊNICO, NO SENTIDO DO COMPRIMENTO.

2 ENROLE O TUBO PARA QUE TENHA A METADE DO DIÂMETRO ORIGINAL.

3 PRENDA O ROLINHO COM FITA PARA MANTÊ-LO NO LUGAR.

4 USANDO UM PERFURADOR DE UM FURO, FAÇA UM FURO A 1,2 CM DE UMA DE SUAS PONTAS. FAÇA OUTRO FURO OPOSTO AO PRIMEIRO FURO.

5

INSIRA COM CUIDADO UM LÁPIS CURTO PELOS FUROS, COMO MOSTRADO.

6

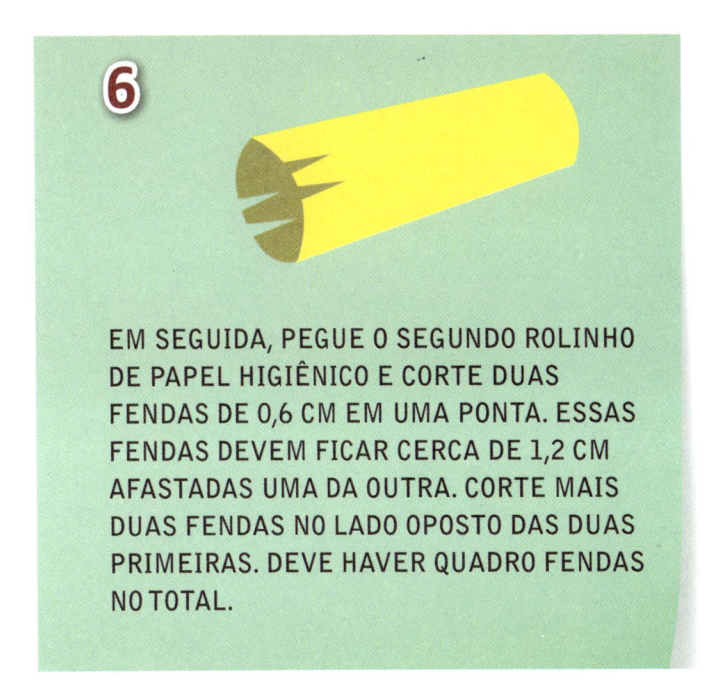

EM SEGUIDA, PEGUE O SEGUNDO ROLINHO DE PAPEL HIGIÊNICO E CORTE DUAS FENDAS DE 0,6 CM EM UMA PONTA. ESSAS FENDAS DEVEM FICAR CERCA DE 1,2 CM AFASTADAS UMA DA OUTRA. CORTE MAIS DUAS FENDAS NO LADO OPOSTO DAS DUAS PRIMEIRAS. DEVE HAVER QUADRO FENDAS NO TOTAL.

7

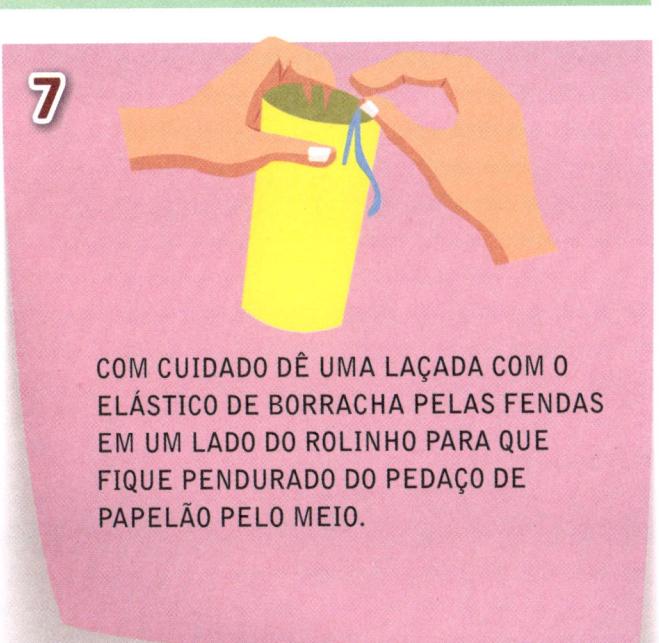

COM CUIDADO DÊ UMA LAÇADA COM O ELÁSTICO DE BORRACHA PELAS FENDAS EM UM LADO DO ROLINHO PARA QUE FIQUE PENDURADO DO PEDAÇO DE PAPELÃO PELO MEIO.

8

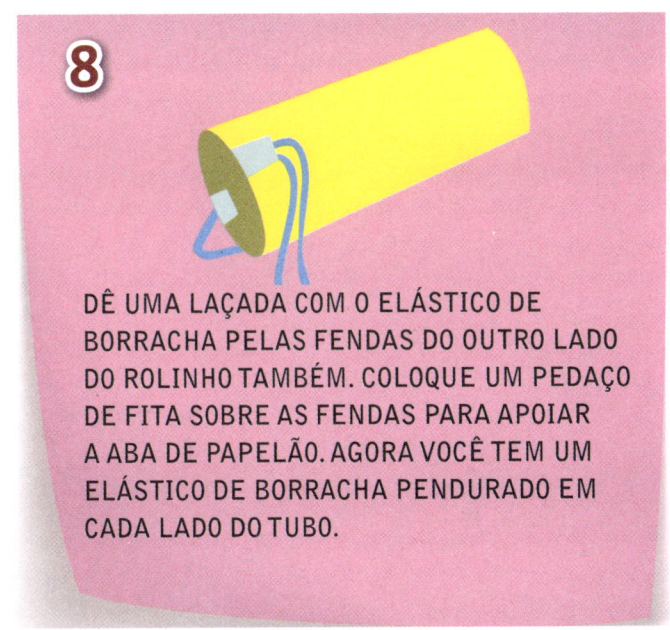

DÊ UMA LAÇADA COM O ELÁSTICO DE BORRACHA PELAS FENDAS DO OUTRO LADO DO ROLINHO TAMBÉM. COLOQUE UM PEDAÇO DE FITA SOBRE AS FENDAS PARA APOIAR A ABA DE PAPELÃO. AGORA VOCÊ TEM UM ELÁSTICO DE BORRACHA PENDURADO EM CADA LADO DO TUBO.

9

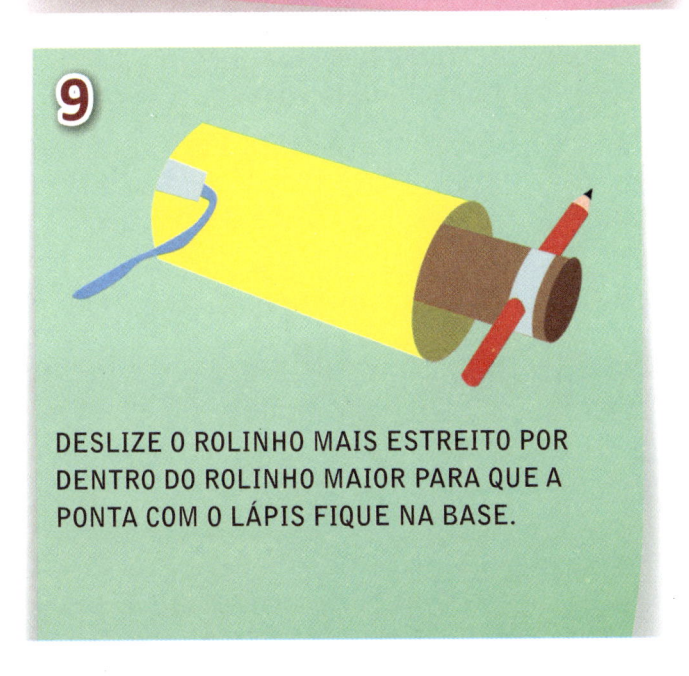

DESLIZE O ROLINHO MAIS ESTREITO POR DENTRO DO ROLINHO MAIOR PARA QUE A PONTA COM O LÁPIS FIQUE NA BASE.

10

ESTIQUE CADA ELÁSTICO DE BORRACHA COM CUIDADO AO REDOR DO LÁPIS.

11 AGORA COLOQUE UMA BOLINHA DE ALGODÃO NO ALTO PARA QUE FIQUE LIGEIRAMENTE DENTRO DO TUBO MAIS ESTREITO.

12 SEGURE O ROLINHO LIGEIRAMENTE NA HORIZONTAL E PUXE O LÁPIS PARA TRÁS.

13 SOLTE O LÁPIS E OBSERVE A BOLINHA DE ALGODÃO VOAR!

O STEM POR TRÁS DISSO

O LANÇADOR DE BOLINHA DE ALGODÃO É UM EXEMPLO DE ENERGIA POTENCIAL SENDO CONVERTIDA EM ENERGIA CINÉTICA.

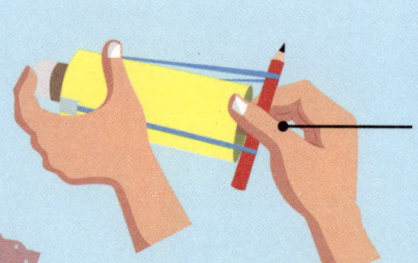

QUANDO PUXAMOS PARA TRÁS O LÁPIS COM A BOLINHA DE ALGODÃO NO ROLINHO, ACRESCENTAMOS ENERGIA POTENCIAL AO SISTEMA. QUANTO MAIS PUXAMOS PARA TRÁS O LÁPIS, MAIS ENERGIA POTENCIAL ESTÁ SENDO ARMAZENADA.

AO SOLTAR O LÁPIS A ENERGIA POTENCIAL SE TRANSFORMA EM ENERGIA CINÉTICA QUE FAZ A BOLINHA DE ALGODÃO VOAR PELO AR!

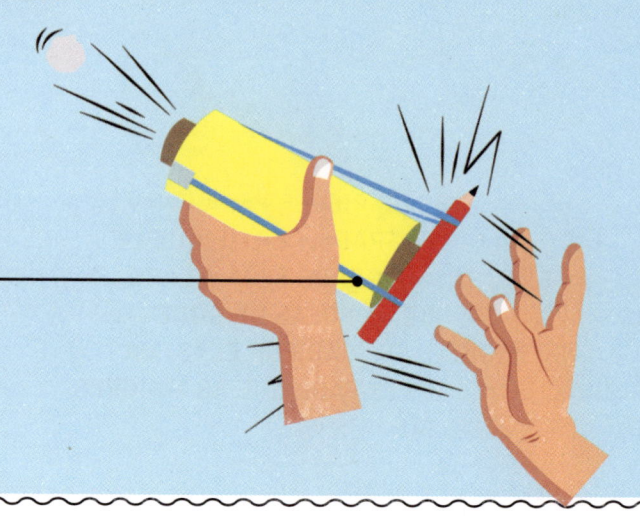

94
MÁQUINA DE CLASSIFICAÇÃO

RELAÇÃO COM A VIDA: MÁQUINAS DE CLASSIFICAÇÃO MOVIDAS PELA GRAVIDADE

NÍVEL DE DIFICULDADE

VOCÊ VAI PRECISAR DE:
- COPOS DE PLÁSTICO
- PALITOS DE PICOLÉ
- PAPEL
- FITA ADESIVA
- COLA
- TESOURA
- BOLAS DE GUDE OU MIÇANGAS DE PLÁSTICO PEQUENAS
- BOLAS DE GUDE OU MIÇANGAS DE PLÁSTICO GRANDES

1 ACRESCENTE VÁRIAS BOLAS DE GUDE PEQUENAS E GRANDES EM UM ÚNICO COPO PLÁSTICO.

2 AGITE O COPO PARA QUE AS BOLAS DE GUDE FIQUEM BEM MISTURADAS.

3 COLE VÁRIOS PALITOS DE PICOLÉ PARA FORMAR UMA GRADE COMO MOSTRADO. CERTIFIQUE-SE DE QUE AS BRECHAS NA GRADE SEJAM LARGAS O BASTANTE PARA QUE AS BOLAS DE GUDE PEQUENAS CONSIGAM PASSAR POR ELAS, MAS PEQUENAS O SUFICIENTE PARA QUE AS MAIORES NÃO CONSIGAM PASSAR.

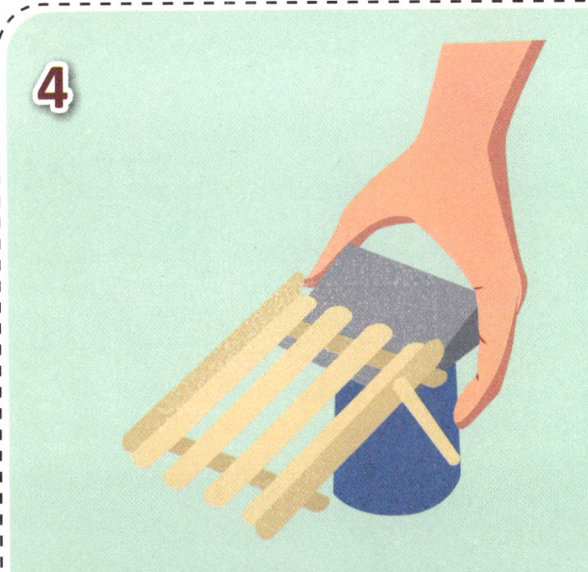

4 USANDO COPOS DE PLÁSTICO, PALITOS DE PICOLÉ, PAPEL, COLA E FITA ADESIVA CONSTRUA UMA ESTRUTURA DE APOIO PARA A SUA GRADE COMO MOSTRADO.

5

COLOQUE OS DOIS COPOS NUMA MESA E COLOQUE A GRADE SOBRE ELES. UM COPO DEVE SER COLOCADO DIRETAMENTE ABAIXO DA GRADE PARA RECOLHER AS BOLAS DE GUDE MENORES CONFORME FOREM CAINDO E O OUTRO COPO DEVE ESTAR NA PONTA MAIS BAIXA DA GRADE PARA RECOLHER AS BOLAS DE GUDE MAIORES.

6

AGORA CORTE COM CUIDADO UM COPO PLÁSTICO E COLE-O NA GRADE COMO MOSTRADO. ISSO ATUA COMO UM FUNIL NA PONTA DE CIMA DA SUA GRADE PARA DESPEJAR AS BOLAS DE GUDE DENTRO DOS COPOS.

7

DESPEJE O SEU COPO COM BOLAS DE GUDE MISTURADAS NO FUNIL E OBSERVE O QUE ACONTECE.

O STEM POR TRÁS DISSO

QUANDO AS BOLAS DE GUDE SÃO DESPEJADAS SOBRE A GRADE NO ALTO, ELAS ROLAM PELOS PALITOS DE PICOLÉ POIS A GRAVIDADE AS PUXA PARA BAIXO.

O DIÂMETRO DAS BOLAS DE GUDE MENORES É INFERIOR AO DAS BRECHAS ENTRE OS PALITOS DE PICOLÉ, POR ISSO ELAS CAEM PELAS BRECHAS DENTRO DO PRIMEIRO COPO.

PORÉM, O DIÂMETRO DAS BOLAS DE GUDE MAIORES É SUPERIOR AO DAS BRECHAS ENTRE OS PALITOS. ASSIM SENDO ELAS CONTINUAM ROLANDO ATÉ O SEGUNDO COPO.

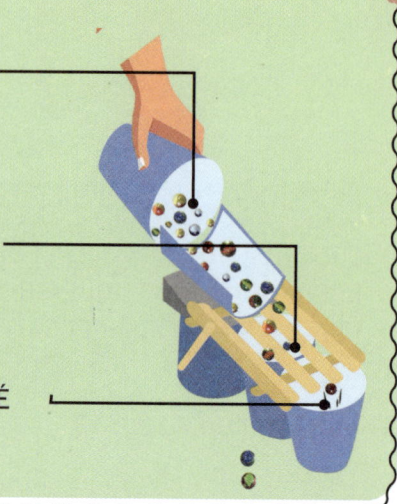

95
MODELO DE CORAÇÃO PULSANTE

RELAÇÃO COM A VIDA: FUNCIONAMENTO DO CORAÇÃO HUMANO

NÍVEL DE DIFICULDADE

REQUER SUPERVISÃO DE UM ADULTO

VOCÊ VAI PRECISAR DE:
- DOIS BALÕES VAZIOS
- UM POTE MÉDIO DE VIDRO
- UMA TRAVESSA
- DOIS CANUDOS DOBRÁVEIS
- FITA ADESIVA
- ÁGUA
- CORANTE ALIMENTÍCIO VERMELHO
- ELÁSTICO DE BORRACHA
- UMA FACA

1 ENCHA COM ÁGUA UM POTE MÉDIO DE VIDRO. ACRESCENTE ALGUMAS GOTAS DE CORANTE ALIMENTÍCIO VERMELHO E MISTURE BEM.

2 PEGUE UM BALÃO VAZIO E CORTE FORA SEU BOCAL. MANTENHA A PARTE DE CIMA RESERVADA.

3 AGORA ESTIQUE A PARTE DE BAIXO DO BALÃO SOBRE A BOCA DO POTE CHEIO DE ÁGUA COLORIDA. PRENDA-A COM UM ELÁSTICO DE BORRACHA. CERTIFIQUE-SE DE QUE O BALÃO FIQUE O MAIS FIRME POSSÍVEL.

4 USANDO UMA FACA, FAÇA DUAS FENDAS PEQUENAS NO BALÃO DE MODO QUE FIQUEM SEPARADAS POR 2,5 CM. CERTIFIQUE-SE DE QUE AS FENDAS SEJAM PEQUENAS O BASTANTE PARA APENAS INSERIR OS CANUDOS.

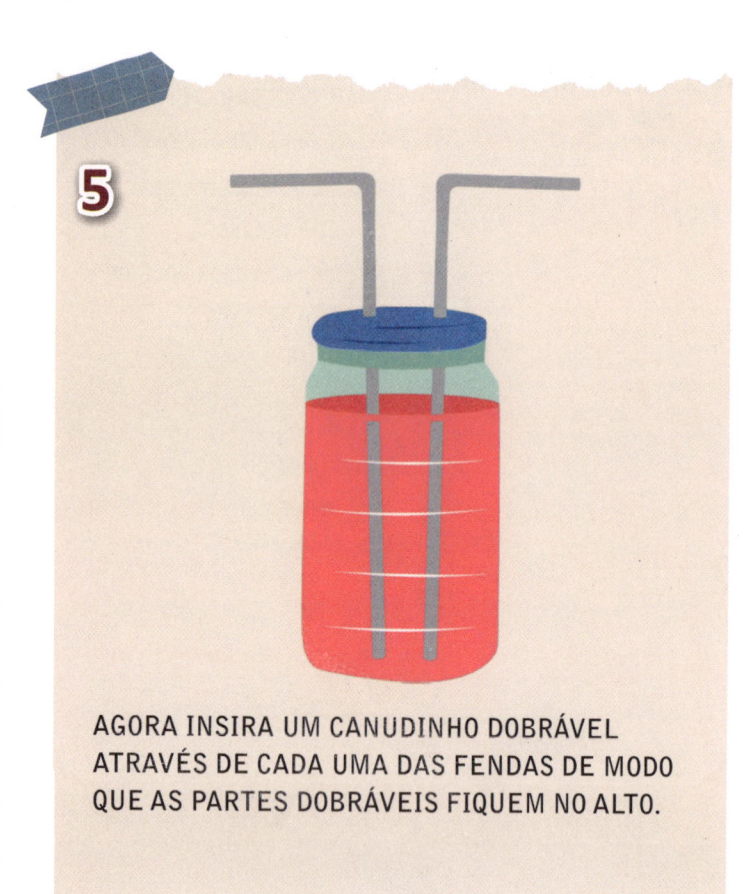

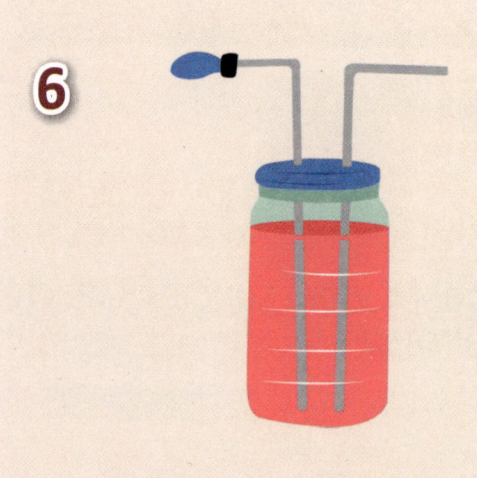

5 AGORA INSIRA UM CANUDINHO DOBRÁVEL ATRAVÉS DE CADA UMA DAS FENDAS DE MODO QUE AS PARTES DOBRÁVEIS FIQUEM NO ALTO.

6 CUBRA A ABERTURA DE UM CANUDINHO QUE ESTÁ PARA FORA DO POTE DE VIDRO COM O BOCAL DO BALÃO QUE VOCÊ CORTOU NA ETAPA 2. PRENDA-O COM FITA ADESIVA.

7 COLOQUE O POTE EM UMA TRAVESSA E DOBRE O CANUDO COM A PONTA ABERTA. AGORA PRESSIONE O CENTRO DO BALÃO ESTICADO COM GENTILEZA. A ÁGUA COLORIDA É BOMBEADA PARA FORA DO CANUDO DOBRÁVEL EXATAMENTE COMO O CORAÇÃO BOMBEIA O SANGUE.

O STEM POR TRÁS DISSO

O NOSSO CORAÇÃO É FORMADO POR QUATRO CAVIDADES. AS CAVIDADES SUPERIORES SÃO CHAMADAS DE ÁTRIOS E AS INFERIORES DE VENTRÍCULOS. CADA CAVIDADE DO CORAÇÃO TEM VÁLVULAS PARA CONTROLAR O FLUXO DE SANGUE. QUANDO AS VÁLVULAS ABREM, O SANGUE FLUI DA CAVIDADE SUPERIOR PARA A INFERIOR E ENTÃO PARA FORA DO CORAÇÃO. AS VÁLVULAS TAMBÉM IMPEDEM QUE O SANGUE RETORNE AO ÁTRIO.
O POTE DE VIDRO CHEIO DE ÁGUA COLORIDA ATUA COMO O CORAÇÃO.
O BALÃO ESTICADO ATUA COMO OS MÚSCULOS DO CORAÇÃO.
PRESSIONAR O BALÃO ESTICADO É COMO A BATIDA DO CORAÇÃO DEVIDO À QUAL A ÁGUA COLORIDA (QUE REPRESENTA O SANGUE) ESGUICHA PARA FORA.
O BOCAL DO BALÃO QUE COBRE O CANUDO ATUA COMO A VÁLVULA, MANTENDO O FLUXO DE SANGUE NA DIREÇÃO CERTA.

96
ARTISTA PENDULAR

RELAÇÃO COM A VIDA: MOMENTOS HARMÔNICOS SIMPLES CRIAM PADRÕES SIMÉTRICOS E BELAS ARTES.

NÍVEL DE DIFICULDADE

VOCÊ VAI PRECISAR DE:
- UM BARBANTE COMPRIDO
- UMA GARRAFA PLÁSTICA DE 1 LITRO
- TINTA ACRÍLICA
- UMA FOLHA DE EVA
- UM FURADOR
- UM GRAMPO
- UMA BARRA TRANSVERSAL
- ÁGUA
- UM COPO
- UMA COLHER PARA MEXER

1 COM A AJUDA DE UM ADULTO, CORTE A GARRAFA PLÁSTICA AO MEIO.

2 EM SEGUIDA, USANDO UM FURADOR, FAÇA DOIS FUROS NA METADE SUPERIOR DA GARRAFA. OS FUROS DEVEM SER OPOSTOS UM AO OUTRO. AGORA PASSE UM BARBANTE PELOS FUROS.

3 FAÇA UM FURINHO MINÚSCULO NA TAMPA DA GARRAFA. PONHA A TAMPA DE VOLTA NA GARRAFA COM FIRMEZA.

4 PRENDA UM GRAMPO NO BARBANTE E AMARRE AS PONTAS DO BARBANTE A UMA TRAVE TRANSVERSAL RETA. OBSERVE QUE O GRAMPO DIVIDE O SISTEMA EM DUAS SEÇÕES DE MODO QUE A SEÇÃO SUPERIOR POSSA BALANÇAR SOMENTE EM UMA DIREÇÃO ENQUANTO A SEÇÃO INFERIOR POSSA BALANÇAR EM TODAS AS DIREÇÕES. ESTE É O SEU PÊNDULO.

5 COLOQUE UMA FOLHA DE EVA DEBAIXO DO PÊNDULO.

6

DESPEJE UM POUCO DE ÁGUA EM UM COPO E ACRESCENTE UM POUCO DE TINTA A ELE. MISTURE BEM PARA QUE A TINTA SE DISSOLVA ADEQUADAMENTE E VOCÊ OBTENHA ÁGUA COLORIDA.

7

AGORA EMPURRE O PÊNDULO PARA UM LADO E DESPEJE UM POUCO DE ÁGUA COLORIDA DENTRO DELE.

8

SOLTE O PÊNDULO E OBSERVE OS PADRÕES SIMÉTRICOS QUE ELE CRIA!

O STEM POR TRÁS DISSO

UM PÊNDULO É UMA CARGA SUSPENSA DE UM PONTO FIXO PARA QUE POSSA BALANÇAR LIVREMENTE EM TODAS AS DIREÇÕES. MAS NO PÊNDULO QUE CRIAMOS, O PRÓPRIO PONTO DE SUSPENSÃO PODE OSCILAR. UM PÊNDULO ASSIM EXECUTA DUAS OSCILAÇÕES HARMÔNICAS SIMULTANEAMENTE E CRIA BELOS PADRÕES SIMÉTRICOS.

97
DNA DO MORANGO
RELAÇÃO COM A VIDA: EXTRAÇÃO DO DNA

NÍVEL DE DIFICULDADE

NECESSIDADE DE MANUSEIO E ACESSO A EQUIPAMENTO ESPECÍFICO, SOB SUPERVISÃO DE UM ADULTO.

VOCÊ VAI PRECISAR DE:
- UM MORANGO
- 5 ML DE ÁLCOOL ISOPROPÍLICO
- 10 ML DE DETERGENTE
- ¼ DE COLHER DE CHÁ DE SAL
- UM SACO ZIPLOCK
- UMA PENEIRA
- 90 ML DE ÁGUA
- COPOS E COLHERES MEDIDORES
- UM RECIPIENTE DE VIDRO PEQUENO E UM MÉDIO
- PINÇAS / PEGADOR
- UMA COLHER
- UM MICROSCÓPIO

1 ANTES DE COMEÇAR O EXPERIMENTO, COLOQUE UMA GARRAFA DE ÁLCOOL ISOPROPÍLICO DENTRO DO CONGELADOR. DESPEJE 90 ML DE ÁGUA EM UM PEQUENO RECIPIENTE DE VIDRO.

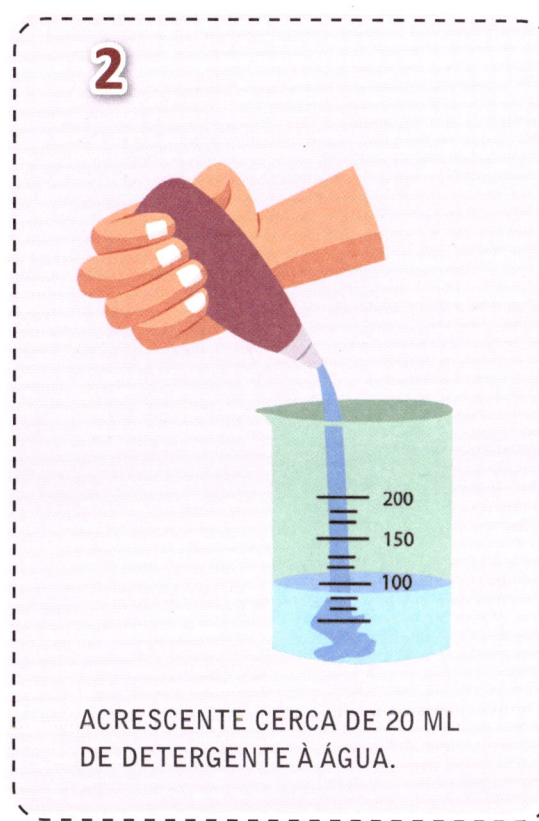

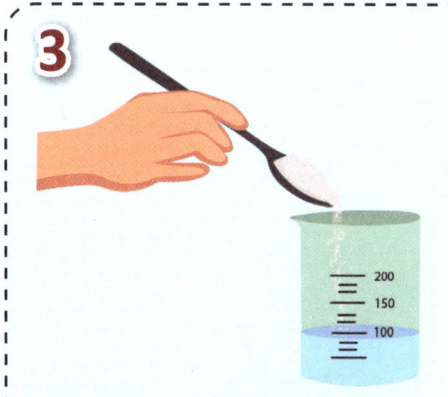

2 ACRESCENTE CERCA DE 20 ML DE DETERGENTE À ÁGUA.

3 AGORA ACRESCENTE ¼ DE COLHER DE CHÁ À MISTURA DE ÁGUA E DETERGENTE E MISTURE ATÉ QUE O SAL SE DISSOLVA. ESTA É A MISTURA DE EXTRAÇÃO.

4 COLOQUE UM MORANDO DENTRO DE UM SACO PLÁSTICO *ZIPLOCK*.

5 AOS POUCOS DESPEJE A MISTURA DE EXTRAÇÃO DENTRO DO SACO *ZIPLOCK* COM O MORANGO.

6 RETIRE O AR DO SACO APERTANDO-O E FECHE O LACRE.

7 USANDO AS MÃOS, AMASSE E ESMAGUE O MORANGO DENTRO DO SACO. CERTIFIQUE-SE DE QUE O MORANGO ESTEJA COMPLETAMENTE ESMAGADO E NÃO RESTEM MAIS PEDAÇOS GRANDES.

8 PENEIRE A POLPA DE MORANGO E A EXTRAÇÃO EM UMA RECIPIENTE MÉDIO DE VIDRO.

9 USANDO UMA COLHER, PRESSIONE A POLPA DE MORANGO CONTRA A PENEIRA PARA QUE MAIS DA MISTURA SEJA COLETADA NO RECIPIENTE.

10 AGORA DESPEJE A MISTURA DE EXTRAÇÃO QUE VOCÊ ACABOU DE PENEIRAR EM UM RECIPIENTE DE VIDRO MENOR. ISSO É FEITO PARA ISOLAR O DNA NA SUPERFÍCIE DA MISTURA.

11 EM SEGUIDA, ACRESCENTE UMA COLHER DE CHÁ DE ÁLCOOL ISOPROPÍLICO GELADO À SOLUÇÃO. MANTENHA O RECIPIENTE AO NÍVEL DOS OLHOS. VOCÊ DEVE VER UMA CAMADA BRANCA NO ALTO DA MISTURA.

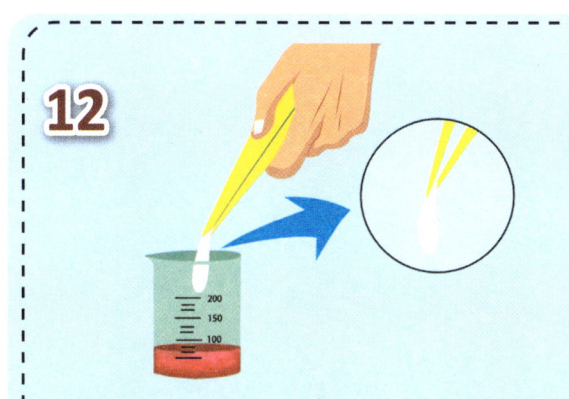

12 USANDO PINÇAS, RETIRE GENTILMENTE A MISTURA BRANCA DA SOLUÇÃO E COLOQUE-A SOBRE UMA LÂMINA PARA EXAMINAR EM UM MICROSCÓPIO. É O DNA DO MORANGO.

O STEM POR TRÁS DISSO

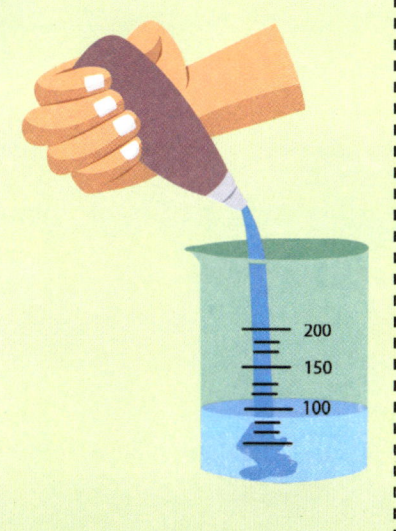

QUANDO ACRESCENTAMOS DETERGENTE A ESTE PROCESSO, ISSO AJUDA A DISSOLVER AS MEMBRANAS CÉLULAS DO MORANGO.

ACRESCENTAR SAL À MISTURA DECOMPÕE AS CADEIAS DE PROTEÍNA NO MORANGO E LIBERA AS FIBRAS DE DNA.

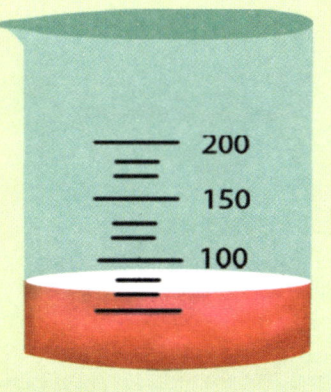

O ÁLCOOL ISOPROPÍLICO GELADO NÃO DISSOLVE O DNA, O QUE NOS AJUDA A SEPARÁ-LO DA MISTURA.

98
AREIA MOVEDIÇA

RELAÇÃO COM A VIDA: AREIA MOVEDIÇA

NÍVEL DE DIFICULDADE

REQUER SUPERVISÃO DE UM ADULTO

VOCÊ VAI PRECISAR DE:
- 450 G DE AMIDO DE MILHO
- ÁGUA
- CORANTE ALIMENTÍCIO
- UMA TIGELA GRANDE
- UMA COLHER PARA MEXER
- UM SACO ZIPLOCK

1 ACRESCENTE CERCA DE 150 G DE AMIDO DE MILHO EM UMA TIGELA GRANDE. DESPEJE CERCA DE 350 ML DE ÁGUA EM UMA XÍCARA DE PLÁSTICO E ACRESCENTE ALGUMAS GOTAS DE CORANTE ALIMENTÍCIO. MEXA POR IGUAL COM UMA COLHER.

2 AGORA, AOS POUCOS, ACRESCENTE ½ XÍCARA DE ÁGUA À TIGELA. MEXA A ÁGUA E O AMIDO DE MILHO COM A MÃO ATÉ QUE OS DOIS INGREDIENTES ESTEJAM MISTURADOS.

3 SE A MISTURA PARECER SECA, ACRESCENTE MAIS ÁGUA À TIGELA EM PEQUENAS QUANTIDADES ATÉ QUE CHEGUE A UMA CONSISTÊNCIA QUE FIQUE ESPESSA, SEJA FÁCIL DE MEXER E FLUA COMO UM LÍQUIDO. A AREIA MOVEDIÇA ESTÁ PRONTA.

4 COLOQUE A MÃO NA MISTURA. VOCÊ CONSEGUE MOVER A MÃO RAPIDAMENTE? NÃO! SE VOCÊ PEGAR A AREIA MOVEDIÇA E A PUXAR PARA CIMA VAI PARECER QUE A SUA MÃO ESTÁ AFUNDANDO.

O STEM POR TRÁS DISSO

ÀS VEZES A AREIA MOVEDIÇA PARECE UM SÓLIDO E ÀS VEZES UM LÍQUIDO.

O AMIDO DE MILHO É FORMADO DE PARTÍCULAS QUE SÃO INTERLIGADAS. AO CUTUCAR A AREIA MOVEDIÇA COM FORÇA E DEPRESSA, AS PARTÍCULAS FICAM EMARANHADAS, TORNANDO-AS MAIS DIFÍCEIS DE FLUIR.

CONTUDO, QUANDO A CUTUCAMOS GENTILMENTE, ELA ATUA COMO UM LÍQUIDO PORQUE AS PARTÍCULAS DO AMIDO DE MILHO TÊM ESPAÇO O SUFICIENTE PARA SE MOVER AO REDOR UMA DAS OUTRAS.

99
VAMOS MEDIR A CIRCUNFERÊNCIA DA TERRA

RELAÇÃO COM A VIDA: MEDIÇÃO

NÍVEL DE DIFICULDADE

NECESSIDADE DE CÁLCULOS PRECISOS E A COMPREENSÃO DE CONCEITOS GEODÉSICOS UTILIZANDO MÉTODO ESPECÍFICO.

Lembrete: Esta atividade funciona melhor dentro de cerca de duas semanas dos equinócios da primavera ou do outono. Conduza esta atividade ao meio-dia. Reúna seus materiais alguns minutos antes do meio-dia em um local ensolarado.

VOCÊ VAI PRECISAR DE:

- UM TERRENO PLANO E NIVELADO COM INCIDÊNCIA DE LUZ SOLAR DIRETA
- UMA RÉGUA DE 1 METRO
- UM LÁPIS
- UMA CALCULADORA
- UM TRANSFERIDOR
- UM PEDAÇO DE BARBANTE COMPRIDO
- UM BALDE OU VASO DE PLANTA
- TERRA
- UM AJUDANTE ADULTO

1 ENCHA DE TERRA UM BALDE OU VASO DE PLANTAS. INSIRA UMA RÉGUA DE 1 METRO VERTICALMENTE NO BALDE PARA QUE ELE FIQUE ERETO. ENCHA DE TERRA UM BALDE OU VASO DE PLANTAS. INSIRA UMA RÉGUA DE 1 METRO VERTICALMENTE NO BALDE PARA QUE ELE FIQUE ERETO.

2 AO MEIO-DIA, MARQUE O FINAL DA SOMBRA DA RÉGUA DE UM METRO NO CHÃO.

3 PEÇA PARA UM ADULTO ESTICAR UM PEDAÇO DE BARBANTE ENTRE O TOPO DA RÉGUA DE UM METRO E O FINAL DE SUA SOMBRA.

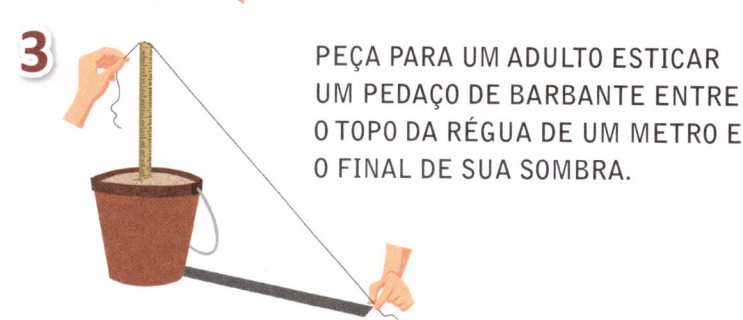

4 USANDO UM TRANSFERIDOR, MEÇA O ÂNGULO ENTRE O BARBANTE E A RÉGUA DE UM METRO EM GRAUS. ANOTE A MEDIÇÃO. AGORA CALCULE A DISTÂNCIA ENTRE A SUA CIDADE E O EQUADOR.

5 PARA FINALIZAR, CALCULE A CIRCUNFERÊNCIA DA TERRA USANDO ESTA EQUAÇÃO: CIRCUNFERÊNCIA = 360 X DISTÂNCIA ENTRE A SUA CIDADE E O EQUADOR/ÂNGULO DA SOMBRA QUE VOCÊ MEDIU.

O STEM POR TRÁS DISSO

ESTE MÉTODO FOI USADO POR ERATÓSTENES, UM MATEMÁTICO GREGO, POR VOLTA DE 2.200 ANOS ATRÁS. ELE MEDIU O ÂNGULO DE UMA SOMBRA LANÇADA POR UM OBJETO ALTO EM ALEXANDRIA. USANDO GEOMETRIA, ELE CALCULOU A CIRCUNFERÊNCIA DA TERRA BASEADO NA SEGUINTE INFORMAÇÃO:

- EXISTEM 360° EM UM CÍRCULO.
- A MEDIDA DO ÂNGULO DA SOMBRA LANÇADA POR UM OBJETO ALTO EM ALEXANDRIA.
- A DISTÂNCIA POR TERRA ENTRE ALEXANDRIA E SIENA.

A EQUAÇÃO RESULTANTE FOI:
O ÂNGULO DA SOMBRA EM ALEXANDRIA/360° = DISTÂNCIA ENTRE ALEXANDRIA E SIENA/CIRCUNFERÊNCIA DA TERRA.

100
CAVALO DE MARCHA

RELAÇÃO COM A VIDA: ENERGIA POTENCIAL, ENERGIA CINÉTICA E GRAVIDADE

NÍVEL DE DIFICULDADE

VOCÊ VAI PRECISAR DE:
- PAPEL CARTÃO
- TESOURA
- UM LÁPIS
- UMA RÉGUA
- UMA TÁBUA DE CORTAR
- VÁRIOS LIVROS

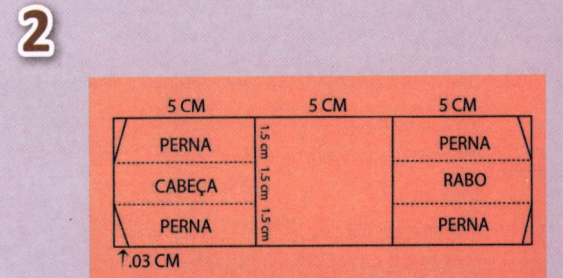

1
UTILIZANDO UMA RÉGUA, DESENHE UM RETÂNGULO DE 15 X 4,5 CM EM UM PAPEL CARTÃO.

2
DIVIDA O RETÂNGULO EM SEÇÕES DIFERENTES USANDO A MESMA DIMENSÃO COMO MOSTRADO AQUI. ESTE É O MOLDE PARA O SEU CAVALO DE PAPEL.

3
AGORA RECORTE O RETÂNGULO AO LONGO DO SEU PERÍMETRO. ENTÃO CORTE CUIDADOSAMENTE AO LONGO DAS LINHAS PONTILHADAS DENTRO DO RETÂNGULO E DAS LINHAS PEQUENAS DIAGONAIS PERTO DOS CANTOS.

4
DOBRE AS PERNAS, ISTO É, TODOS OS QUATRO RETÂNGULOS EXTERNOS DO CAVALO PARA QUE FIQUEM PERPENDICULARES AO CORPO, OU SEJA, O QUADRADO DO MEIO.

5 ENROLE O RABO DO CAVALO USANDO UM LÁPIS.

6 EM SEGUIDA, DOBRE A CABEÇA DO CAVALO PARA CIMA. ENTÃO DOBRE CERCA DE 2,5 CM DA CABEÇA PARA BAIXO PARA MOLDÁ-LA EM UM TRIÂNGULO.

7 EMPILHE ALGUNS LIVROS E COLOQUE UMA TÁBUA DE CORTAR SOBRE ELES. AGORA COLOQUE O CAVALO DE PAPEL SOBRE A TÁBUA DE CORTAR COMO MOSTRADO. DÊ UM EMPURRÃOZINHO NO CAVALO. O CAVALO MARCHA RAMPA ABAIXO.

O STEM POR TRÁS DISSO

QUANDO COLOCAMOS O CAVALO DE PAPEL SOBRE O ARRANJO DE LIVROS E A TÁBUA DE CORTAR, ELE GANHA MAIS ENERGIA POTENCIAL POR ESTAR EM UMA ALTURA.

QUANDO EMPURRAMOS O CAVALO, ELE É PUXADO RAMPA ABAIXO POR CAUSA DA GRAVIDADE, DEVIDO À QUAL A ENERGIA POTENCIAL SE TRANSFORMA EM ENERGIA CINÉTICA.

ESTA ENERGIA CINÉTICA FAZ O CAVALO CAMBALEAR PARA FRENTE E PARA TRÁS, PEGANDO IMPULSO AO SE MOVER.

101
QUE FORMATO É O MAIS FORTE?

RELAÇÃO COM A VIDA: A FORÇA DAS ESTRUTURAS

NÍVEL DE DIFICULDADE

VOCÊ VAI PRECISAR DE:
- TRÊS OU QUATRO FOLHAS DE PAPEL
- VÁRIOS CADERNOS DO MESMO TAMANHO
- UMA TESOURA
- FITA ADESIVA

1 DOBRE A FOLHA DE PAPEL AO MEIO. DOBRE O PAPEL AO MEIO NOVAMENTE PARA QUE O PAPEL TENHA QUATRO PARTES IGUAIS.

2 AGORA DOBRE O PAPEL PARA QUE FORME UMA COLUNA QUADRADA E PRENDA AS BORDAS COM FITA ADESIVA.

3 DE MODO SIMILAR, DOBRE A FOLHA EM TRÊS PARTES E FAÇA UMA COLUNA TRIANGULAR. DEPOIS FAÇA UMA COLUNA CIRCULAR PRENDENDO COM FITA AS BORDAS DA FOLHA VERTICALMENTE.

4 COLOQUE CADA COLUNA EM PÉ SOBRE UMA MESA. COM CUIDADO, COLOQUE VÁRIOS CADERNOS NO ALTO DE CADA COLUNA. CERTIFIQUE-SE DE QUE O TAMANHO E NÚMERO DE CADERNOS SEJA O MESMO PARA TODAS AS COLUNAS. QUE COLUNA SUPORTA O MAIOR NÚMERO DE CADERNOS? É A COLUNA CIRCULAR.

O STEM POR TRÁS DISSO

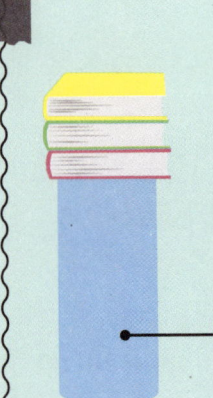

A COLUNA CIRCULAR SUPORTA O MAIOR NÚMERO DE CADERNOS PORQUE ELA NÃO POSSUI NENHUM CANTO. O PESO DOS CADERNOS É DISTRIBUÍDO POR IGUAL, OU SEJA, TODAS AS PARTES DA COLUNA CIRCULAR ESTÃO COMPARTILHANDO A CARGA DOS CADERNOS E CONTRIBUEM PARA SUA FORÇA TOTAL.

AS COLUNAS QUADRADA E RETANGULAR TÊM CANTOS E BORDAS. O PESO DOS CADERNOS É DESLOCADO PARA SUAS BORDAS E CANTOS, QUE SE DEFORMAM FACILMENTE, E COMO RESULTADO DISSO AS COLUNAS DESABAM.